Der

CATALOGUS FAUNAE AUSTRIAE

zählt alle bisher innerhalb der Grenzen des heutigen Österreichs festgestellten rezenten Arten und Unterarten von Tieren auf. Es werden nicht nur die in der Fachliteratur erwähnten Arten berücksichtigt, sondern es finden auch solche möglichst Aufnahme in das Verzeichnis, die in den verschiedenen öffentlichen und privaten Sammlungen enthalten sind, über deren Vorkommen in Österreich jedoch bis jetzt noch nicht berichtet wurde. Damit wird zum ersten Male der Gesamtbestand der Tierwelt Österreichs aufgenommen, das sich, wie kaum ein zweites Land des europäischen Kontinents, trotzdem es verhältnismäßig klein ist, durch eine Vielheit der historisch-geographischen Faunenelemente und eine große ökologische Mannigfaltigkeit auszeichnet.

Es soll aber auch der CATALOGUS zeigen, was die österreichische Heimatforschung bisher auf dem Gebiet der systematischen Zoologie geleistet hat. An dem in den vergangenen 200 Jahren Erarbeiteten sind doch maßgeblich Österreicher beteiligt gewesen, nicht allein an der Feststellung der in Österreich vorkommenden Tierarten, sondern auch an der Schaffung des heutigen natürlichen zoologischen Systems. Carl Claus, Karl Grobben, Berthold Hatschek und Anton Handlirsch zählen zu den weit über die Grenzen Österreichs bekannt gewordenen und anerkannten Zoologen und Systematikern. Zu ihnen gesellt sich eine große Zahl von Wissenschaftlern und Liebhabern, die sich mit kleineren und größeren Gruppen der heimischen Fauna oft viele Jahrzehnte lang beschäftigt und wertvollste Beiträge zur Kenntnis der österreichischen Tierwelt geliefert haben.

Der CATALOGUS soll schließlich zur weiteren Erforschung des einheimischen Tierlebens anregen; er wird für diese sogar zu einer unumgänglich notwendigen Grundlage.

Das Werk gliedert sich in 21 Teile und erscheint in Abteilungen, die für sich paginiert sind; jeder Teil umfaßt eine oder mehrere solche Abteilungen. Diese Art der Einteilung ermöglicht einerseits die sofortige Drucklegung einer Abteilung, sobald diese im Manuskript fertiggestellt ist, anderseits aber doch auch die Gliederung des CATALOGUS nach dem zoologischen System.

Der Katalog zählt alle wesentlichen Kategorien des Systems bis einschließlich Gattung bzw. Untergattung auf; lediglich bei der Gattung werden der Autor und das Jahr ihrer Aufstellung angeführt. Die Kategorien bis einschließlich

Fortsetzung auf der 3. Umschlagseite

ISBN 978-3-211-86279-7
DOI 10.1007/978-3-7091-5638-4

ISBN 978-3-7091-5638-4 (eBook)

Kreis: Vertebrata

Klasse: Cyclostomata (Petromyzones) [1]

Bearbeitet von Paul Kähsbauer, Wien

Ordn.: Petromyzoniformes

Fam.: Petromyzonidae

U.-Fam.: Petromyzoninae

Gatt.: *Lampetra* Oken 1816

L. (Eudontomyzon) danfordi Regan 1911 Ann. nat. Hist., s. 8, *v.* 7, p. 200 *(E. d.).* —
Heckel u. Kner 1858 Süssw.-Fische Oesterr. Monarchie, p. 379, 380 *(Petromyzon
fluviatilis* [part.] [non Linné] + *P. planeri* [part.] [non Bloch]). — Holly
1933 Tierreich, *v.* 59, p. 33 [2]. — Zanandrea 1956 Boll. Zool., *v.* 23, p. 439.

m.-, so.-eur. (nur Süßw.)   O N oSt (Raab) K

L. (Lampetra) fluviatilis Linné 1758 Syst. Nat., ed. 10, *v.* 1, p. 230 *(Petromyzon).* —
Vogt u. Hofer 1909, p. 197 *(P. f.).* — Holly 1933 Tierreich, *v.* 59, p. 23. —
Schiemenz 1927, p. I, 9. — Schindler 1953, p. 199. — Zanandrea 1956 Boll.
Zool., *v.* 23, p. 439.

eur., o.-as., n.-am. (präglaz. [3], eurytherm, anadrom, L. Süßw., sonst marin)

                                                      V nT O N St

L. (L.) planeri (Bloch) 1784 Naturg. Deutschl., *v.* 3, p. 47 *(Petromyzon).* — Vogt
u. Hofer 1909, p. 195 *(P. p.).* — Holly 1933 Tierreich, *v.* 59, p. 23. — Schiemenz
1927, p. I, 9. — Schindler 1953, p. 199. — Zanandrea 1956 Boll. Zool., *v.* 23,
p. 439.

eur., n.-am. (präglaz., eurytherm, nur Süßw.)   V nT S O N St oT

---

[1] System nach Berg, L. L., 1958. System der rezenten und fossilen Fischartigen und Fische.
Berlin.

[2] Um vielfache Wiederholungen zu vermeiden, werden folgende Literaturzitate abgekürzt
verwendet: Vogt u. Hofer 1909 Süßwasserfische M.-Eur., p. ... = Vogt u. Hofer 1909,
p. ...; Schiemenz 1927 Tierwelt M.-Eur., *v.* 7, p. I, ... = Schiemenz 1927, p. I, ...;
Gaschott 1928 Handb. Binnenfischerei M.-Eur., *v.* 3 A, p. ... = Gaschott 1928, p. ...;
Schindler 1953 Süßwasserfische, p. ... = Schindler 1953, p. ...; Heuschmann 1957
Handb. Binnenfischerei M.-Eur., *v.* 3 A, p. ... = Heuschmann 1957, p. ....

[3] Nach Thienemann, A., „Die Süßwasserfische Deutschlands", 1926, werden als prä-
glazial jene Fische bezeichnet, die schon vor dem Einbruch der diluvialen Eiszeiten in Mitteleuropa gelebt und unter Anpassung an die veränderten klimatischen Bedingungen die Eiszeiten überdauert haben. Als interglazial gelten jene Arten, die im Verlauf der Eiszeiten
dem von Norden her vordringenden Inlandeis nach Süden ausgewichen sind oder aus den Alpen
durch deren Gletscher in die Ebene verdrängt wurden und sich mit den präglazialen Fischen
zu einer glazialen Mischfauna vermengt haben. Postglazial sind solche Fische, die nach dem
Rückzug der Gletscher (in der Yoldiazeit und später) in die mitteleuropäischen Fließwässer
und Seen eingewandert sind.

Klasse: Teleostomi (Pisces)

Bearbeitet von Paul Kähsbauer, Wien

U.-Klasse: Actinopterygii

Ordn.: Acipenseriformes

Fam.: Acipenseridae

U.-Fam.: Acipenserinae

Gatt.: *Acipenser* Linné 1758

A. (Acipenser) güldenstädti Brandt 1833 in: Brandt u. Ratzeburg, Med. Zool.,
v. 2, p. 13, 351, 352 *(A. G.)*. — Vogt u. Hofer 1909, p. 220 *(A. güldenstaedti)*. —
Schiemenz 1927, p. I, 9. — Holly 1933 Tierreich, v. 67, p. 23.

m.-, so.-eur., w.-as. (marin, anadrom)   O (Donau)   N (Donau)   St (Mur)   K (Drau)

A. (A.) ruthenus Linné Syst. Nat., ed. 10, v. 1, p. 237. — Vogt u. Hofer 1909, p. 225. —
Schiemenz 1927, p. I, 9. — Holly 1933 Tierreich, v. 67, p. 19. — Schindler
1953, p. 197.

m.-, no.-, so.-eur., n.-as. (postglaz., eurytherm, anadrom)
         S (Salzach Heckel 1854)   O (Donau)   N (Donau, Thaya, March)   St (Mur)

A. (Gladostomus) stellatus Pallas 1771 Reise Ruß., v. 1, p. 460 *(A. s.)*. — Vogt u.
Hofer 1909, p. 223. — Schiemenz 1927, p. I, 9. — Holly 1933 Tierreich,
v. 67, p. 32.

m.-, so.-eur., w.-as. (anadrom)   oN (Donau)

A. (Lioniscus) nudiventris Lovetzky 1828 N. Mag. Est. Istorii, v. 2, p. 78. — Holly
1933 Tierreich, v. 67, p. 33.

m.-, so.-eur., w.-as. (anadrom)   oN (Donau)   St (Drau)

Gatt.: *Huso* Brandt 1869

H. huso (Linné) 1758 Syst. Nat., ed. 10, v. 1, p. 238 *(Acipenser)*. — Vogt u. Hofer
1909, p. 221 *(A. h.)*. — Schiemenz 1927, p. I, 9 *(A. h.)*. — Holly 1933 Tierreich, v. 67, p. 35.

m.-, s.-, so.-eur., w.-as. (anadrom)   O (Donau)+   N (Donau, March)+

Ordn.: Clupeiformes

U.-Ordn.: Cromerioidei

Fam.: Salmonidae

U.-Fam.: Coregoninae

Gatt.: *Coregonus* (Artedi 1738) Cuvier 1829

C. acronius Rapp 1854 Jahresh. Ver. Württemb., v. 10, p. 158. — Vogt u. Hofer
1909, p. 349. — Schiemenz 1927, p. I, 15. — Steinmann 1950 Schweiz. Z.
Hydrol., v. 13, p. 102 *(C. lavaretus* L. nat. *bodanensis* oekot. *profundus)*. — Schindler 1953, p. 153.

m.-, o.-eur. (Boden-, Ammer-, Chiem-, Thunersee, russ. u. finn. Seen) (kaltstenotherm)
                                            V (Bodensee)

C. fera Jurine 1825 Mém. Soc. Genève, *v.* 3, p. 190 *(C. F.)*. — Vogt u. Hofer 1909,
   p. 328. — Schiemenz 1927, p. I, 15. — Steinmann 1950 Schweiz. Z. Hydrol.,
   v. 13, p. 98 *(C. lavaretus* L. nat. *bodanensis* oekot. *litoralis)*.

n.-alp. (Voralpenseen) (kaltstenotherm)
   V (Bodensee)   nT (Achensee)   O ? (Traunsee, Attersee)   K (Faakersee, Wörthersee ?)

C. macrophthalmus Nüsslin 1882 Zool. Anz., *v.* 5, p. 164. — Vogt u. Hofer 1909,
   p. 358. — Schiemenz 1927, p. I, 16. — Steinmann 1950 Schweiz. Z. Hydrol.)
   v. 13, p. 89 *(C. lavaretus* L. nat. *bodanensis* oekot. *nanus)*.
n.-alp. (Voralpensee) (kaltstenotherm)   V (Bodensee,
S (Matt-, Obertrumersee)   O (Traun-, Attersee)   K (Wörther-, Faaker-, Weißensee)

C. maraena (Bloch) 1782 Naturg. Fische Deutschl., *v.* 1, p. 172 *(Salmo M.)*. — Vogt
   u. Hofer 1909, p. 321. — Schiemenz 1927, p. I, 15.

n.-, o.-eur. (pomm., skand. u. russ. Seen) (kaltstenotherm)
               V (Bodensee)   O (Hallstättersee × 1912/13)   N (Heidenreichstein ×)

C. wartmanni (Bloch) 1782 Naturg. Fische Deutschl., *v.* 3, p. 165 *(Salmo W.)*. —
   Vogt u. Hofer 1909, p. 357. — Schiemenz 1927, p. I, 16. — Steinmann
   1950 Schweiz. Z. Hydrol., *v.* 13, p. 100 *(C. lavaretus* L. nat. *bodanensis* oekot. *pelagi-
   cus)*. — Schindler 1953, p. 153.

n.-alp. (Alpen- u. Voralpenseen) (kaltstenotherm)
V (Bodensee)   nT (Achensee)   S (Mond-, Matt-, Wolfgangsee)   O (Atter-, Traun-, Hallstättersee)   St (Grundl-, Toplitzsee)   K (Wörther-, Faaker-, Weißen-, Keutschachersee)

Gatt.: *Hucho* Günther 1866

Hucho hucho (Linné) 1758 Syst. Nat., ed. 10, *v.* 1, p. 309 *(Salmo H.)*. — Vogt u.
   Hofer 1909, p. 288 *(Salmo h.)*. — Schiemenz 1927, p. I, 16 *(Salmo h.)*. —
   Schindler 1953, p. 151 *(Salmo h.)*.

m.-, so.-eur. (Donausystem, postglaz.) (eurytherm)   nT (Inn, Großache)
S (Salzach)   O (Donau, Inn, Traun, Alm, Steyr, Enns)   N (Donau, Ybbs)   St (Mur)
                  K (Drau, Gail, Möll, Görtschach)   oT (Drau)

U.-Fam.: Salmoninae

Gatt.: *Salmo* Linné 1758

S. (Salmo) fontinalis Mitchill 1815 Tr. lit. phil. Soc., New York, *v.* 1, p. 435 *(S. f.)*. —
   Vogt u. Hofer 1909, p. 528. — Schiemenz 1927, p. I, 16. — Schindler 1953,
   p. 147.
n.-am., eur. (1884 ×) (kaltstenotherm)
V ×   nT ×   S ×   O × (Hallstättersee)   N × (Lunzersee)   St ×   K × (Turrachersee,
                     Friesach: Stadtgraben, Villach, Neuhauserbach)

S. (S.) gairdneri Richardson 1836 Fauna Bor.-Amer., *v.* 3, p. 221. — Trautmann
   1957 Fishes of Ohio, p. 189.

n.-am., eur. (1884 ×) (kaltstenotherm)   nach Ö × (für Zuchtzwecke)

S. (S.) irideus Gibbons 1855 Pr. Cal. Ac., *v.* 2, p. 36. — Vogt u. Hofer 1909, p. 523
   (Trutta iridea). — Schindler 1953, p. 145.

n.-am., eur. (1880 ×) (kaltstenotherm)
                  V ×   nT ×   S ×   O ×   N ×   St ×   K ×   oT ×

S. (S.) namaycush (Walbaum) 1792 in: Artedi, Bibl. ichthyol., pars 1, p. 92. —
   Jordan, D. St., and Evermann, B. W., 1896, Bull. U. S. Mus., *v.* 47, p. 504
   (Cristivomer). — Trautmann, M. B., 1957, Fishes of Ohio, p. 194 *(Salvelinus)*.

n.-am. (kaltstenotherm)   V × (Kapellersee i. Montafon, seit 1957)

S. (S.) salar Linné 1758 Syst. Nat., ed. 10, *v.* 1, p. 308 *(S. S.)*. — Vogt u. Hofer
    1909, p. 258 *(Trutta s.)*. — Schiemenz 1927, p. I, 16 *(Trutta s.)*. — Schindler
    1953, p. 151.
n.-, m.-eur. (kaltstenotherm, anadrom)
             N × (Luschnitz b. Gmünd = ehem. Laichplätze d. Elblachses)

S. (Trutta) fario Linné 1758 Syst. Nat., ed. 10, *v.* 1, p. 309 *(S. F.)*. — Vogt u. Hofer
    1909, p. 270 *(Trutta f.)*. — Schiemenz 1927, p. I, 17 *(T. f.)*. — Schindler
    1953, p. 143 *(S. trutta f. fario)*.
eur., w.-, s.-as., afr., neuseel. (kaltstenotherm)   V nT S O N St K oT

S. (T.) lacustris Linné 1758 Syst. Nat., ed. 10, *v.* 1, p. 309 *(S. l.)*. — Vogt u. Hofer
    1909, p. 273 *(T. l.)*. — Schiemenz 1927, p. I, 17 *(T. l.)*. — Schindler 1953,
    p. 145 *(S. trutta f. lacustris)*.
n.-eur., n.-alp. (kaltstenotherm)   V nT S O N St K oT

Gatt.: *Salvelinus* Richardson 1836

S. salvelinus (Linné) 1758 Syst. Nat., ed. 10, *v.* 1, p. 309 *(Salmo S.)*. — Vogt u. Hofer
    1909, p. 293 *(Salmo s.)*. — Schiemenz 1927, p. I, 16 *(Salmo s.)*. — Schindler
    1953, p. 147 *(Salmo alpinus)*.
n.-eur., n.-alp., o.-as., n.-am. (präglaz., kaltstenotherm)
V (Bodensee) nT (Achen-, Plenderle-, Wildsee) S (Mond-, Fuschl-, Hinter-, Wolfgangsee) O (Attersee) N (Lunzersee) St (Grundl-, Altausseersee) K (Friesach: Stadt-
graben, Millstätter-, Turrachersee) oT (Drau)

Fam.: Thymallidae

Gatt.: *Thymallus* Cuvier 1829

Th. thymallus (Linné) 1758 Syst. Nat., ed. 10, *v.* 1, p. 311 *(Salmo Th.)*. — Vogt u.
    Hofer 1909, p. 300 *(Th. vulgaris)*. — Schiemenz 1927, p. I, 14. — Schindler
    1953, p. 149.
eur. (ausgen. Irl. u. S-Frankr.) (postglaz., kaltstenotherm)
               V nT S O N St K oT

Fam.: Umbridae

U.-Fam.: Umbrinae

Gatt.: *Umbra* (Gronovius 1763) Müller 1844

U. krameri Walbaum 1792 Artedi Bibl. ichthyol., *v.* 3, p. 657 *(U. K.)*. — Vogt u.
    Hofer 1909, p. 468. — Schiemenz 1927, p. I, 17. — Holly 1941 Zool. Anz.,
    v. 133, p. 95.
m.-, o.-eur. (helophil)   N (Moosbrunn)+   B (Neusiedlersee)+

Fam.: Esocidae

Gatt.: *Esox* Linné 1758

E. lucius Linné 1758 Syst. Nat., ed. 10, *v.* 1, p. 314 *(E. L.)*. — Vogt u. Hofer 1909,
    p. 462. — Schindler 1953, p. 149. — Schiemenz 1927, p. I, 17.
eur., as., n.-am. (präglaz., eurytherm)   Ö

Ordn.: Cyprinodontiformes

Fam.: Poeciliidae

Gatt.: *Lebistes* Filippi 1861

L. reticulatus (Peters) 1859 Monber. Ak. Berlin, *v.* 4, p. 412 *(Poecilia r.)*. — Innes
    1952 Exotic Aquar. Fishes, p. 352. — Reisinger 1952 Carinthia II, *v.* 142 (62),
    p. 53. — Axelrod u. Schultz 1955 Handbook Tropical Aquar. Fishes, p. 476.
n.-, s.-am. (thermophil)   K × (Warmbad Villach: Thermalquellen

Ordn.: Cypriniformes

Fam.: Cyprinidae

Gatt.: *Abramis* Cuvier 1817

A. ballerus (Linné) 1758 Syst. Nat., ed. 10, *v.* 1, p. 326 *(Cyprinus B.).* — Vogt u.
Hofer 1909, p. 411. — Schiemenz 1927, p. I, 12. — Schindler 1953, p. 179. —
Heuschmann 1957, p. 145.

n.-, nw.-, m.-, so.-eur., w.-as. (postglaz., eurytherm)
O (Donau)　N (Donau, March, Thaya)　B (Neusiedlersee)

A. brama (Linné) 1758 Syst. Nat., ed. 10, *v.* 1, p. 326 *(Cyprinus B.).* — Vogt u. Hofer
1909, p. 407. — Schiemenz 1927, p. I, 12. — Schindler 1953, p. 181. —
Heuschmann 1957, p. 136.

n.-, w.-, m.-, o.-eur., turkest., w.-sib. (präglaz.)　　　　　　　　　　　　Ö

A. sapa (Pallas) 1811 Zoogr. Rosso-Asiat., *v.* 3, p. 328 *(Cyprinus S.).* — Vogt u.
Hofer 1909, p. 412. — Schiemenz 1927, p. I, 12. — Schindler 1953, p. 179. —
Heuschmann 1957, p. 144.

m.-, so.-eur., w.-as. (postglaz., eurytherm)
O (Donau)　N (Donau, March, Thaya)　K ? (Drau)

Gatt.: *Alburnus* (Rondelet 1529) Rafinesque 1820

A. alburnus (Linné) 1758 Syst. Nat., ed. 10, *v.* 1, p. 325 *(Cyprinus A.).* — Heckel
u. Kner 1858 Süßw.-Fische Oesterr. Monarchie, p. 131 *(A. lucidus).* — Vogt
u. Hofer 1909, p. 417. — Schiemenz 1927, p. I, 12 *(A. lucidus).* — Schindler
1953, p. 185. — Heuschmann 1957, p. 161 *(A. lucidus).*

n.-, w.-, m.-, o.-eur.　　　　　　　　　　　　　　　　　　　　　　　　Ö

A. bipunctatus (Bloch) 1782 Naturg. Fische Deutschl., *v.* 1, p. 50 *(Cyprinus).* — Vogt
u. Hofer 1909, p. 419. — Schiemenz 1927, p. I, 12. — Schindler 1953, p. 185.
— Heuschmann 1957, p. 165.

w.-, m.-, o.-, so.-eur.　　　　　　　　　V (Bodensee)　S (Mondsee)　O (Donau,
Atter-, Wolfgangsee)　N (Donau, March, Thaya)　K (Wörthersee, Keutschachtal)

A. mento (Agassiz) 1830 Hist. Poissons d'eau douce, p. 28 *(Aspius M.).* — Cuvier
et Valenciennes 1844 Hist. Poissons, *v.* 17, p. 271 *(Leuciscus m.).* — Vogt
u. Hofer 1909, p. 418. — Schiemenz 1927, p. I, 12. — Schindler 1953, p. 185.
— Heuschmann 1957, p. 160.

m.-, s.-, so.-eur. (Krim)
S (Mondsee)　O (Atter-, Wolfgangsee)　St (Grundlsee)　K (Wörthersee)

Gatt.: *Aspius* Agassiz 1832

A. aspius (Linné) 1758 Syst. Nat., ed. 10, *v.* 1, p. 325 *(Cyprinus A.).* — Agassiz 1835
Mém. Soc. Neuchâtel, *v.* 1, p. 30 *(A. rapax).* — Vogt u. Hofer 1909, p. 421. —
Schiemenz 1927, p. I, 12 *(A. rapax).* — Schindler 1953, p. 183. — Heusch-
mann 1957, p. 156.

n.-, m.-, o.-eur., w.-as. (postglaz.)　　　　　　　　　　O (Donau)　N (Donau)　St ?

Gatt.: *Blicca* Heckel 1843

B. björkna (Linné) 1758 Syst. Nat., ed. 10, *v.* 1, p. 326 *(Cyprinus B.).* — Vogt u.
Hofer 1909, p. 414. — Schiemenz 1927, p. I, 12. — Schindler 1953, p. 181. —
Heuschmann 1957, p. 149.

n.-, m.-eur.　　　V (Bodensee)　O (Donau)　N (Donau)　K (Wörthersee, Keutschachtal)

Gatt.: *Chondrostoma* Agassiz 1832

Ch. genei (Bonaparte) 1841 Iconogr. Fauna Ital., *v.* 3, fasc. 22, p. 126 *(Leuciscus g.)*. —
    Schiemenz 1927, p. I, 10. — Schindler 1953, p. 177.

m.-eur. (Donau- u. Rheingebiet), s.-eur. (Po, Etsch, Rhône)   nT (Inn b. Brixlegg)

Ch. nasus (Linné) 1758 Syst. Nat., ed. 10, *v.* 1, p. 325 *(Cyprinus N.)*. — Vogt u. Hofer
    1909, p. 441. — Schiemenz 1927, p. I, 10. — Schindler 1953, p. 177. —
    Heuschmann 1957, p. 101.

w.-, m.-, o.-eur.   Ö

Gatt.: *Cyprinus* Linné 1758

C. carpio Linné 1758 Syst. Nat., ed. 10, *v.* 1, p. 320 *(C. C.)*. — Vogt u. Hofer 1909,
    p. 381. — Schiemenz 1927, p. I, 13. — Schindler 1953, p. 163. — Heusch-
    mann 1957, p. 53.

eur., n.-, m.-, o.-as., n.-am. (×1877), s.-am. (×1882) (postglaz., eurytherm)   Ö

Gatt.: *Carassius* Nilsson 1832

C. auratus (Linné) 1758 Syst. Nat., ed. 10, *v.* 1, p. 322 *(Cyprinus)*. — Vogt u. Hofer
    1909, p. 391. — Schindler 1953, p. 165 *(C. a. gibelio)*. — Heuschmann 1957,
    p. 69 *(C. a. gibelio)*.

o.-as., eur. (Zierfisch × seit 17. Jh.)   Ö

C. carassius (Linné) 1758 Syst. Nat., ed. 10, *v.* 1, p. 321 *(Cyprinus C.)*. — Vogt u.
    Hofer 1909, p. 390 *(C. vulgaris)*. — Schiemenz 1927, p. I, 10 *(C. vulgaris)*. —
    Schindler 1953, p. 165. — Heuschmann 1957, p. 63 *(C. vulgaris)*.

eur., as. (postglaz., eurytherm)   Ö

Gatt.: *Barbus* Cuvier 1817

B. barbus (Linné) 1758 Syst. Nat., ed. 10, *v.* 1, p. 320 *(Cyprinus B.)*. — Vogt u. Hofer
    1909, p. 395 *(B. fluviatilis)*. — Schiemenz 1927, p. I, 13 *(B. fluviatilis)*. —
    Schindler 1953, p. 175. — Heuschmann 1957, p. 86 *(B. fluviatilis)*.

w.-, m.-, o.-, s.-eur. (postglaz., eurytherm)   Ö

B. petenyi Heckel 1848 in: Haidinger, Ber. Mt. Fr. Wien, *v.* 3, p. 194 *(B. P.)*. —
    Vogt u. Hofer 1909, p. 398. — Schiemenz 1927, p. I, 13. — Schindler 1953,
    p. 175. — Heuschmann 1957, p. 90.

m.-, so.-eur. (postglaz., eurytherm)   St (Kroisbach,
Ragnitz, Raab — Nebenbäche b. Fehring) K (Hörzendorfer Bach, Gurk, Glangebiet)

B. plebejus Bonaparte 1841 Iconogr. Fauna Ital., *v.* 3, fasc. 25, p. 129. — Schiemenz
    1927, p. I, 13. — Heuschmann 1957, p. 88.

ital., dalm.   K× (Warmbad Villach: Abfluß d. Thermen)

Gatt.: *Gobio* Cuvier 1817

G. belingi Slastenenko 1934 Bull. Soc. zool. France, Paris, *v.* 59, p. 350. — Ota Oliva
    1950 Akvarist. listy, Praha, *v.* 22, nr. 7.

rum., ukrain.   N (March)

G. gobio (Linné) 1758 Syst. Nat., ed. 10, *v.* 1, p. 320 *(Cyprinus G.)*. — Vogt u. Hofer
    1909, p. 399 *(G. fluviatilis)*. — Schiemenz 1927, p. I, 13 *(G. fluviatilis)*. —
    Schindler 1953, p. 187. — Heuschmann 1957, p. 83 *(G. fluviatilis)*.

n.-, m.-, o.-, w.-eur., n.-, m.-, o.-, w.-as. (interglaz., eurytherm)   Ö

G. kessleri Dybowski 1862 Monogr. Cyprinoid. Livlands, p. 71 *(G. K.)*. — Ota Oliva
    1950 Akvarist. listy, Praha, *v.* 22, nr. 7.

m.-, o.-eur. (postglaz., eurytherm)   N (March)

G. uranoscopus (Agassiz) 1828 Isis, *v.* 10, p. 1048 *(Cyprinus).* — Vogt u. Hofer 1909, p. 401. — Schiemenz 1927, p. I, 13. — Schindler 1953, p. 187. — Heuschmann 1957, p. 85.

m.-, o.-eur., balk. (postglaz., eurytherm)   S (Salzach)   N (Donau, March)   St (Drau)

Gatt.: *Idus* Heckel 1843

I. idus (Linné) 1758 Syst. Nat., ed. 10, *v.* 1, p. 324 *(Cyprinus I.).* — Heckel 1852 SB. Ak. Wien, math.-naturw. Cl., *v.* 9, p. 49 *(I. melanotus).* — Vogt u. Hofer 1909, p. 424 *(I. melanotus).* — Schiemenz 1927, p. I, 11 *(I. melanotus).* — Schindler 1953, p. 171. — Heuschmann 1957, p. 105 *(I. melanotus).*

n.-, w.-, m.-, o.-eur. (postglaz., eurytherm)
          V nT (Inn)   S (Wolfgangsee)   O (Donau)   N   K (Ossiachersee)

I. orfus (Linné) 1758 Syst. Nat., ed. 10, *v.* 1, p. 324 *(Cyprinus O.).* — Vogt u. Hofer 1909, p. 426. — Schiemenz 1927, p. I, 11. — Schindler 1953, p. 171. — Heuschmann 1957, p. 108.

m.-eur.   nT (Inn)   N (Donau)

Gatt.: *Leucaspius* Heckel 1858

L. delineatus (Heckel) 1843 in: Russegger, Reis., *v.* 1, p. 1041 *(Squalius).* — Vogt u. Hofer 1909, p. 423. — Schiemenz 1927, p. I, 10. — Schindler 1953, p. 191. — Heuschmann 1957, p. 129.

n.-, m.-, o.-eur., balk. (postglaz., eurytherm)   O (Donau)   N (Donau, March)

Gatt.: *Leuciscus* (Rondelet 1529) Cuvier 1817

L. leuciscus (Linné) 1758 Syst. Nat., ed. 10, *v.* 1, p. 323 *(Cyprinus L.).* — Vogt u. Hofer 1909, p. 436 *(Squalius l.).* — Schiemenz 1927, p. I, 11 *(Squalius l.).* — Schindler 1953, p. 169. — Heuschmann 1957, p, 112 *(Squalius l.).*

n.-, m.-eur., balk. (präglaz., eurytherm)
          V (Bodensee)   nT (Inn)   S (Matt-, Zellersee)   O (Traunsee)

L. meidingeri Heckel 1852 SB. Ak. Wien, math.-naturw. Cl., *v.* 9, p. 88. — Vogt u. Hofer 1909, p. 432. — Schiemenz 1927, p. I, 11. — Schindler 1953, p. 173. — Heuschmann 1957, p. 122.

n.-alp.   S (Mondsee)   O (Traun-, Attersee)   oN (Donau, March)

L. virgo Heckel 1852 SB. Ak. Wien, math.-naturw. Cl., *v.* 9, p. 69 *(L. V.).* — Vogt u. Hofer 1909, p. 431. — Schiemenz 1927, p. I, 11. — Schindler 1953, p. 171. — Heuschmann 1957, p. 120.

m.-eur. (Donaugebiet)   O (Donau, Traunsee)   N (Donau)

Gatt.: *Pelecus* Agassiz 1835

P. cultratus (Linné) 1758 Syst. Nat., ed. 10, *v.* 1, p. 326. — Vogt u. Hofer 1909, p. 415. — Schiemenz 1927, p. I, 11. — Schindler 1953, p. 173. — Heuschmann 1957, p. 153.

n.-, m.-, o.-, so.-eur. (postglaz., eurytherm)
                         O (Donau)   N (Donau)   B (Neusiedlersee)

Gatt.: *Phoxinus* Agassiz 1835

Ph. phoxinus (Linné) 1758 Syst. Nat., ed. 10, *v.* 1, p. 322 *(Cyprinus Ph.).* — Agassiz 1835 Mém. Soc. Neuchâtel, *v.* 1, p. 37 *(Ph. laevis).* — Vogt u. Hofer 1909, p. 438 *(Ph. laevis).* — Schiemenz 1927, p. I, 10 *(Ph. laevis).* — Schindler 1953, p. 187. — Heuschmann 1957, p. 93 *(Ph. laevis).*

n.-, w.-, m.-, o.-eur., n.-, w.-, o.-as. (interglaz., eurytherm)   Ö

Gatt.: *Rhodeus* Agassiz 1835

R. amarus (Bloch) 1782 Naturg. Fische Deutschl., *v.* 1, p. 52 *(Cyprinus)*. — Agassiz
1835 Mém. Soc. Neuchâtel, *v.* 1, p. 37. — Vogt u. Hofer 1909, p. 402. — Schiemenz 1927, p. I, 10. — Schindler 1953, p. 161. — Heuschmann 1957, p. 131.

w.-, m.-, o.-, s.-eur., balk., w.-as. (präglaz., eurytherm)
V (Bodensee, Rhein) O (Donau) N (Donau, March) K (Wörther-, Millstätter-, Os-
siachersee, Drau)

Gatt.: *Rutilus* Rafinesque 1820

R. pigus (Lacépède) 1803 Hist. Poissons, *v.* 5, p. 607 *(Cyprinus)*. — De Filippi
1844 Not. Nat. Civ. Lombardia, *v.* 1, p. 11 *(Leuciscus p.)*. — Schiemenz 1927,
p. I, 11 *(Leuciscus p.)*. — Schindler 1953, p. 171 *(Leuciscus p.)*.

n.-, w.-, m.-, s.-eur.   N (March, Thaya)

R. rutilus (Linné) 1758 Syst. Nat., ed. 10, *v.* 1, p. 324 *(Cyprinus R.)*. — Vogt u.
Hofer 1909, p. 429 *(Leuciscus r.)*. — Heuschmann 1957, p. 115 *(Leuciscus r.)*.

n.-, w.-, m.-, o.-eur., balk. (interglaz., eurytherm)   Ö

Gatt.: *Scardinius* Bonaparte 1841

S. erythrophthalmus (Linné) 1758 Syst. Nat., ed. 10, *v.* 1, p. 324 *(Cyprinus E.)*. —
Bonaparte 1841 Iconogr. Fauna Ital., *v.* 3, fasc. 27, p. 146. — Vogt u. Hofer
1909, p. 426. — Schiemenz 1927, p. I, 11. — Schindler 1953, p. 167. —
Heuschmann 1957, p. 125.

eur., w.-as. (präglaz., eurytherm)   Ö

Gatt.: *Squalius* Bonaparte 1841

S. cephalus (Linné) 1758 Syst. Nat., ed. 10, *v.* 1, p. 322 *(Cyprinus C.)*. — Vogt, Heckel
u. Kner 1858 Süßw.-Fische Oesterr. Monarchie, p. 180 *(S. dobula)*. — Fleming
1828 Hist. Brit. An., p. 187 *(Leuciscus c.)*. — Vogt u. Hofer 1909, p. 434. —
Schiemenz 1927, p. I, 11. — Schindler 1953, p. 169. — Heuschmann 1957,
p. 109.

m.-, s.-, o.-eur., balk., w.-as. (präglaz., eurytherm)   Ö

Gatt.: *Telestes* Bonaparte 1841

T. agassizii Heckel 1851 SB. Ak. Wien, math.-naturw. Cl., *v.* 8, p. 347 *(T. A.)*. — Vogt
u. Hofer 1909, p. 437. — Schiemenz 1927, p. I, 11. — Schindler 1953, p. 175.
— Heuschmann 1957, p. 98.

w.-, m.-, s.-eur. (postglaz., eurytherm)
V (Bodensee) nT (Inn, Ziller) S O (Donau) N (Donau, Traisen) K (Gail, Drau) oT

Gatt.: *Tinca* Cuvier 1817

T. tinca (Linné) 1758 Syst. Nat., ed. 10, *v.* 1, p. 321 *(Cyprinus T.)*. — Cuvier 1817
Règne an., p. 218 *(T. vulgaris)*. — Vogt u. Hofer 1909, p. 392 *(T. vulgaris)*. —
Schiemenz 1927, p. I, 13 *(T. vulgaris)*. — Schindler 1953, p. 165. — Heusch-
mann 1957, p. 76 *(T. vulgaris)*.

eur., n.-as. (interglaz., eurytherm)   Ö

Gatt.: *Vimba* Fitzinger 1873

V. vimba (Linné) 1758 Syst. Nat., ed. 10, *v.* 1, p. 325 *(Cyprinus V.)*. — Fitzinger
1873 SB. Ak. Wien, math.-naturw. Cl., *v.* 68, p. 152. — Cuvier et Valenciennes
1844 Hist. Poissons, *v.* 17, p. 65 *(Abramis v.)*. — Agassiz 1835 Mém. Soc. Neuchâtel,
v. 1, p. 39 *(Abramis elongatus)*. — Heckel 1840 Ann. Wien. Mus., *v.* 2, p. 154
(Abramis melanops). — Vogt u. Hofer 1909, p. 409 *(Abramis v.)*. — Schiemenz
1927, p. I, 11 *(Abramis wimba)*. — Schindler 1953, p. 183 *(Abramis v.)*. —
Heuschmann 1957, p. 146 *(Abramis v.)*.

m.-, o.-eur. (postglaz., eurytherm)   S (Mondsee)
O (Attersee, Donau) N (Donau, March, Thaya) K (Wörthersee, Keutschachtal)

Fam.: Cobitidae
U.-Fam.: Cobitinae

Gatt.: *Cobitis* Linné 1758

C. aurata (De Filippi) 1862 Animal. Vert. Viaggio Persia, p. 390. — Ota Oliva
1950 Akvarist. listy, Praha, *v.* 22, nr. 7.

m.-eur., balk.   noN (March)

C. taenia Linné Syst. Nat., ed. 10, *v.* 1, p. 303 *(C. T.).* — Vogt u. Hofer 1909, p. 482. —
Schiemenz 1927, p. I, 13. — Schindler 1953, p. 189.

eur., as., afr. (interglaz., eurytherm)
    V   nT (Inn, Hecht-, Thiersee)   O   N   St   nB (Neusiedlersee)   oT

Gatt.: *Misgurnus* Lacépède 1803

M. fossilis (Linné) 1758 Syst. Nat., ed. 10, *v.* 1, p. 303 *(Cobitis).* — Vogt u. Hofer
1909, p. 478. — Schiemenz 1927, p. I, 13. — Schindler 1953, p. 189.

m.-, o.-eur. (postglaz., eurytherm)
    V   O   N   St   nB (Windener Bach, Neusiedlersee)

U.-Fam.: Nemachilinae

Gatt.: *Nemachilus* v. Hasselt 1823

N. barbatulus (Linné) 1758 Syst. Nat., ed. 10, *v.* 1, p. 303 *(Cobitis Barbatula).* — Vogt
u. Hofer 1909, p. 480. — Schiemenz 1927, p. I, 13 *(N. barbatula).* — Schindler
1953, p. 189.

eur. (postglaz., eurytherm)   V (Bodensee)
nT (Inn, Hecht-, Thiersee)   S   O (Attersee, Donau)   N (Donau, March)   K   oT

Fam.: Siluridae

Gatt.: *Silurus* Linné 1758
S. glanis Linné 1758 Syst. Nat., ed. 10, *v.* 1, p. 304 *(S. G.).* — Vogt u. Hofer 1909,
    p. 471. — Schiemenz 1927, p. I, 14. — Schindler 1953, p. 195. — Scheuring
    1928 Handb. Binnenfischerei M.-Eur., *v.* 3 A, p. 143.

m.-, o.-eur., w.-as. (postglaz., eurytherm)   Ö

Fam.: Ameiuridae

Gatt.: *Ameiurus* Rafinesque 1820

A. nebulosus (Le Sueur) 1819 Mém. Mus. Paris, *v.* 5, p. 149 *(Pimelodus).* — Schiemenz
    1927, p. I, 14. — Schindler 1953, p. 193. — Scheuring 1928 Handb. Binnen-
    fischerei M.-Eur., *v.* 3 A, p. 155.

n.-am., eur. (×1885)   nT× (Hecht-, Pfrillsee)   N× (Donau 1926)

Ordn.: Anguilliformes

Fam.: Anguillidae

Gatt.: *Anguilla* Linné 1758

A. anguilla (Linné) 1758 Syst. Nat., ed. 10, *v.* 1, p. 245 *(Muraena A.).* — Vogt u. Hofer
    1909, p. 228 *(A. vulgaris).* — Schiemenz 1927, p. I, 17 *(A. vulgaris).* — Schind-
    ler 1953, p. 159. — Ehrenbaum 1930 Handb. Binnenfischerei M.-Eur., *v.* 3,
    p. 159 *(A. vulgaris).*

eur. (Donaugebiet×), w.-, s.-, o.-as., n.-, s.-, o.-afr., no.-am., o.-austr., neuseel., s.-
pazif. (katadrom)   V (Bodensee)   nT (Egelsee,
Amraser Schloßteich ×1930)   S (Mond-, Zeller-, Irrsee)   O (Attersee ×1879, Donau
×1883, Steyregger Graben b. Linz, Ager, Traun, Stauseen am Inn)   N (Donau, March,
                    Waldviertel einschl. Thaya)   nB (Neusiedlersee)

Ordn.: Gadiformes

Fam.: Gadidae

Gatt.: *Lota* Oken 1817

L. lota (Linné) 1758 Syst. Nat., ed. 10, *v.* 1, p. 255 *(Gadus L.)*. — Vogt u. Hofer 1909, p. 484 *(L. vulgaris)*. — Schiemenz 1927, p. I, 19. — Schindler 1953, p. 157. — Scheuring 1928 Handb. Binnenfischerei M.-Eur., *v.* 3 A, p. 101.

n.-, m.-eur., n.-, m.-as. (präglaz., kaltstenotherm)   Ö

Ordn.: Gasterosteiformes

Fam.: Gasterosteidae

Gatt.: *Gasterosteus* Linné 1758

G. aculeatus Linné 1758 Syst. Nat., ed. 10, *v.* 1, p. 295. — Vogt u. Hofer 1909, p. 514. — Schiemenz 1927, p. I, 18. — Schindler 1953, p. 161. — Gaschott 1930 Handb. Binnenfischerei M.-Eur., *v.* 3 A, p. 131.

eur., n.-as., am. (präglaz., eurytherm)
V (Rhein) O (Donau) N (Donau, Wiener Neustädter Kanal, Cainfarn, Seibersdorf)

Ordn.: Perciformes

Fam.: Cottidae

Gatt.: *Cottus* Linné 1758

C. gobio Linné 1758 Syst. Nat., ed. 10, *v.* 1, p. 265 *(C. G.)*. — Vogt u. Hofer 1909, p. 509. — Schiemenz 1927, p. I, 19. — Schindler 1953, p. 191. — Gaschott 1928, p. 95.

eur., n.-, w.-as. (interglaz., eurytherm)   V (Bodensee)
nT (Inn, Achen-, Hechtsee) S (Mondsee+, Wolfgangsee) O (Atter-, Traun- Hallstättersee) N (Lunzersee, Donau, March) St (Grundlsee) K (Turrachersee)

Fam.: Centrarchidae

Gatt.: *Eupomotis* Gill et Jordan 1877

E. gibbosa (Linné) 1758 Syst. Nat., ed. 10, *v.* 1, p. 292 *(Perca)*. — Jordan 1877 Bull. U. S. Mus., *v.* 3, p. 21 *(E. aureus)*. — Mc. Kay, 1881, P. U. S. Mus., *v.* 4, p. 91 *(Lepomis gibbosus)*. — Jordan et Evermann 1896 Bull. U. S. Mus., *v.* 47, p. 1009 *(E. gibbosus)*. — Schindler 1953, p. 141 *(E. gibbosus)*. — Gaschott 1928, p. 90 *(E. aureus)*.

n.-am., eur. ($\times$ 1887)   N$\times$ (Donau)

Gatt.: *Micropterus* Lacépède 1802

M. dolomieu Lacépède 1802 Hist. Poissons, *v.* 4, p. 325. — Rafinesque 1820 Ichthyol. Ohiens., p. 30 *(Lepomis [Aplites] pallida)*. — Cuvier et Valenciennes 1829 Hist. Poissons, *v.* 3, p. 54 *(Grystes salmoides)*. — Vogt u. Hofer 1909, p. 533 *(Grystes nigricans)*. — Schindler 1953, p. 159 *(Grystes nigricans)*. — Gaschott 1928, p. 89 *(Grystes)*.

n.-am., eur. ($\times$ 1883)   S$\times$ (Züchterei Kallwang)

M. salmoides (Lacépède) 1802 Hist. Poissons, *v.* 4, p. 716 *(Labrus)*. — Agassiz 1854 Amer. J. Sci., s. 2, *v.* 9, p. 298 *(Grystes nobilis)*. — Jordan et Gilbert 1883 Bull. U. S. Mus., *v.* 16, p. 484. — Vogt u. Hofer 1909, p. 532. — Schindler 1953, p. 159 *(Grystes)*. — Gaschott 1928, p. 87 *(Grystes)*.

n.-am., eur. ($\times$ 1883)   nT$\times$ (Mittersee) K$\times$ (Wörthersee)

Fam.: Percidae

Gatt.: *Acerina* (Güldenstädt 1774) Cuvier 1817

A. cernua (Linné) Syst. Nat., ed. 10, *v.* 1, p. 294 *(Perca C.)*. — Vogt u. Hofer 1909, p. 495. — Schiemenz 1927, p. I, 18. — Schindler 1953, p. 139. — Gaschott 1928, p. 75.

n.-, m.-, o.-eur., n.-as. (postglaz., eurytherm)   N (Donau, March)

A. schraetzer (Linné) 1758 Syst. Nat., ed. 10, *v.* 1, p. 294 *(Perca)*. — Vogt u. Hofer 1909, p. 497. — Schiemenz 1927, p. I, 18. — Schindler 1953, p. 139. — Gaschott 1928, p. 79.

m.-eur. (Donaugebiet) (postglaz., eurytherm)   O (Donau)   N (Donau, March)

Gatt.: *Aspro* Cuvier 1817

A. asper (Linné) 1758 Syst. Nat., ed. 10, *v.* 1, p. 290 *(Perca A.)*. — Siebold 1863 Süßw.-Fische M.-Eur., p. 54 *(A. Streber)*. — Vogt u. Hofer 1909, p. 498 *(A. streber)*. — Schiemenz 1927, p. I, 19 *(A. streber)*. — Schindler 1953, p. 141. — Gaschott 1928, p. 84 *(A. streber)*.

m.-eur. (Donaugebiet), balk. (Wardargebiet) (postglaz., eurytherm)
S (Salzach)   O (Donau)   N (Donau, March)

A. zingel (Linné) 1766 Syst. Nat., ed. 12, *v.* 1, p. 482 *(Perca Z.)*. — Vogt u. Hofer 1909, p. 500. — Schiemenz 1927, p. I, 19. — Schindler 1953, p. 141. — Gaschott 1928, p. 83.

m.-eur. (Donaugebiet), o.-eur. (Dnjestr, Dnjepr, Pruth) (postglaz., eurytherm)
S (Salzach)   O (Donau)   N (Donau, March)   B (Raab b. Jennersdorf)

Gatt.: *Lucioperca* Cuvier et Valenciennes 1828

L. lucioperca (Linné) 1758 Syst. Nat., ed. 10, *v.* 1, p. 289 *(Perca L.)*. — Cuvier et Valenciennes 1828 Hist. Poissons, *v.* 2, p. 110 *(L. Sandra)*. — Vogt u. Hofer 1909, p. 501 *(L. sandra)*. — Schiemenz 1927, p. I, 18 *(L. sandra)*. — Schindler 1953, p. 137. — Gaschott 1928, p. 55.

n.-, m.-, s.-, o.-eur., w.-as. (postglaz., eurytherm)   Ö

L. volgensis (Pallas) 1771 Reise Ruß., *v.* 1, p. 461 *(Perca)*. — Heckel u. Kner 1858 Süßw.-Fische Oesterr. Monarchie, p. 12. — Vogt u. Hofer 1909, p. 501 *(Perca)*. — Schiemenz 1927, p. I, 19. — Gaschott 1928, p. 67.
m.-, o.-eur. (postglaz., eurytherm)   oN (Donau, March)

Gatt.: *Perca* Linné 1758

P. fluviatilis Linné Syst. Nat., ed. 10, *v.* 1, p. 289. — Vogt u. Hofer 1909, p. 491. — Schiemenz 1927, p. I, 19. — Schindler 1953, p. 137. — Gaschott 1928, p. 68.

eur., n.-as., n.-am. (postglaz., eurytherm)   Ö

Fam.: Gobiidae

Gatt.: *Proterorhinus* Smitt 1899

P. marmoratus (Pallas) 1811 Zoogr. Rosso-Asiat., *v.* 3, p. 161 *(Gobius)*. — Bauer u. Schubert 1957 Burgenl. Heimatbl., *v.* 19, p. 6.

m.-, so.-eur., balk.   oN (Donau, March)   B (Neusiedlersee)

Literatur

Arbeiten anonymer Autoren: 1881. Zur Zucht des Zanders. Bayer. Fisch. Zeit., München, v. 6, p. 9—10. — 1882. Einbürgerung des Aals im Donaugebiete. Ibid., v. 7, p. 194 bis 195. — 1882. Was ist eine Lachsforelle? Ibid., v. 7, p. 225—226. — 1883. Amerikanische Salmoniden in Deutschland. Ibid., v. 8, p. 2—4, 18—19, 49—51. — 1883. Über Zeit, Wind und Wetter zur Angelfischerei. Ibid., v. 8, p. 29—31, 43—45. — 1883. Die Fischereiverhältnisse im oberen Drau-, im Möll- und Gailthale, einschließlich jener des Weißen-, Millstätter- und Ossiachersees im Kronlande Kärnten. Mt. österr. Fisch. Ver. Wien, v. 3, p. 2—15. — 1884. Der Erlaufsee bei Mariazell in der Steiermark. Ibid., v. 4, p. 40—41. — 1884. Aussetzung junger Aale im Donaugebiete. Ibid., v. 4, p. 62—63. — 1884. Der Gleinkersee. Ibid., v. 4, p. 71—73. — 1884. Die Fischerei-Verhältnisse des Inn und der Salzach nach den Erhebungen des Oberösterreichischen Fischerei-Vereines in Linz. Ibid., v. 4, p. 186—191. — 1884. Über die Versuche zur Einbürgerung des Lachses und Aales in das Donaugebiet. Bayer. Fisch. Zeit., München, v. 9, p. 189—191. — 1886. Der Millstättersee in Oberkärnten. Mt. österr. Fisch. Ver., Wien, v. 6, p. 16—18. — 1889. Das Gedeihen des Aals im Donaugebiete. Allg. Fisch. Zeit., München, v. 14, p. 56. — 1890. Die Angelfischerei in der Pielach. Ibid., v. 15, p. 267—269. — 1890. Etwas über den Neunaugenfang. Ibid., v. 15, p. 280—281. — 1892. Über Störerbrütung. Ibid., v. 17, p. 49—50. — 1892. Bestimmung des Geschlechtes bei Fischen. Ibid., v. 17, p. 72. — 1892. Die geographische Verbreitung der Fische. Ibid., v. 17, p. 84. — 1892. Über den Einfluß der Todesart auf die Haltbarkeit der Fische. Ibid., v. 17, p. 235. — 1892. Die Überwinterung der Teichfische. Ibid., v. 17, p. 295—297. — 1892. Die wirtschaftliche Bedeutung unserer Süßwasserfische. Ibid., v. 17, p. 306—307. — 1892. Vom Bodensee. Ibid., v. 17, p. 324—326. — 1895. Über den Saibling. Ibid., v. 20, p. 42—43. — 1897. Ein neuer Saibling? Ibid., v. 22, p. 8. — 1902. Huchen in den nördlichen Zuflüssen der Donau. Ibid., v. 27, p. 147. — 1902. Einiges über Fischnamen. Ibid., v. 27, p. 379. — 1902. Unterscheidung von Meerforellen und Lachsen. Ibid., v. 27, p. 397—398. — 1903. Versuch einer Einbürgerung einer neuen Salmonidenart. Mt. österr. Fisch. Ver., Wien, v. 23, p. 88. — 1903. Der Zwergwels. Bl. Aquar. Terrar., Magdeburg, v. 14, p. 33—36. — 1903. Die Einführung des Goldfisches in Europa. Ibid., v. 14, p. 39. — 1903. Albinos und Albinismus. Ibid., v. 14, p. 57—58. — 1903. Weißfische. Ibid., v. 14, p. 113. — 1903. Moorkarpfen. Ibid., v. 14, p. 225. — 1904. Die Plötze (Leuciscus rutilus L.). Ibid., v. 15, p. 169—170. — 1905. Unser Hecht. Ibid., v. 16, p. 147—148. — 1908. Einiges über den Zwergwels. Österr. Fisch. Zeit., Wien, v. 5, p. 453. — 1909. Was sind Weißfische? Ibid., v. 6, p. 191—192. — 1910. Was sind Seekarpfen? Ibid., v. 7, p. 91—92. — 1911. Der Karpfen. Ibid., v. 8, p. 265. — 1912. Die Fortpflanzung des Aales im Süßwasser. Ibid., v. 9, p. 226. — 1913. Bodenseefischerei. Schweiz. Fisch. Zeit., Zürich, v. 21, p. 175—177. — 1914. Die Fischerei der Pfahlbauern. Ibid., v. 22, p. 41—46. — 1914. Von den Rundmäulern. Wochenschr. Aquar. Terrar., Braunschweig, v. 11, p. 758. — 1916. Der Zander. Schweiz. Fisch. Zeit., Zürich, v. 24, p. 33—39, 214—215. — 1916. Rassen des Rotauges. Allg. Fisch. Zeit., München, v. 41, p. 262—263. — 1917. Kirche und Fischerei im Mittelalter. Ibid., v. 42, p. 78. — 1918. Der menschliche Flug und das Schwimmen der Fische. Ibid., v. 43, p. 134—135. — 1919. Der Waller (Silurus glanis) bei Wien. Wochenschr. Aquar. Terrar., Braunschweig, v. 16, p. 52. — 1920. Die Seeforelle (Seelachs). Schweiz. Fisch. Zeit., v. 28, p. 34—37. — 1920. Hören die Fische? Ibid., v. 28, p. 61—62. — 1921. Unsere Forellenbäche. Ibid., v. 29, p. 254—256. — 1928. Taschenbuch für Fischer und Teichwarte. Neudamm. Verl. J. Neumann. — 1929. Ursprung der europäischen Süßwasserfischfauna. Österr. Fisch. Zeit., Wien, v. 26, p. 177—178. — 1931. Kärntens Jagd und Fischerei. Schweiz. Fisch. Zeit., Zürich, v. 39, p. 116—118. — 1931. Der Sonnenbarsch als Wildfisch in deutschen Gewässern. Wochenschr. Aquar. Terrar., Braunschweig, v. 28, p. 247. — 1936. Die Erscheinungsform. Schweiz. Fisch. Zeit., Zürich, v. 44, p. 11—12. — 1936. Sprichwörtliche Fische. Ibid., v. 44, p. 220—225. — 1938. Leitfaden für den Fischereiaufsichtsdienst Innsbruck. Selbstverl. des Tiroler Landesfischereiverein. — 1939. Hechte rotten die Edelfische in der Donau aus. Allg. Fisch. Zeit., München, v. 54, p. 155—156. — 1939. Forellenrassen. Schweiz. Fisch. Zeit., Zürich, v. 47, p. 25—26. — 1940. Trutta iridea, die Regenbogenforelle. Ibid., v. 48, p. 79—82. — 1941. Winterschlaf der Fische. Allg. Fisch. Zeit., München, v. 66, p. 22—23. — 1947. Der Bachsaibling. Ibid., v. 72, p. 88—89. — 1948. Der Huchen. Österr. Fischerei, Wien, v. 1, p. 17—21. — 1948. Der Bitterling. Ibid., v. 1, p. 125—127. — 1949. Was frißt die Rutte? Allg. Fisch. Zeit., München, v. 74, p. 318—319. — 1949. Gibt es im Leben der Schleien noch Geheimnisse? Ibid., v. 74, p. 533. — 1950. Über die Äsche und ihr Fang. Österr. Fischerei, Wien, v. 3, p. 205—208. — 1950. Ursachen des Rückganges der Fischbestände in fließenden Gewässern. Allg. Fisch. Zeit., München, v. 75, p. 397. — 1951. Der Kamp bei Schönberg. Österr. Fischerei, Wien, v. 4, p. 237—241. — 1951. Über die Altersbestimmung bei Fischen. Ibid., v. 4, p. 381. — 1952. Artificial fertilization and other features in the breeding of the pike-perch (Lucioperca sandra) in Hungary. Ann. nat. Hist., v. 5, ser. 12, p. 311—312. — 1952. Die Regenbogenforelle, ihre Vorzüge und Nachteile. Allg. Fisch. Zeit., München, v. 77, p. 5—10. — 1953. Bedeutung der Süßwasser- und Seefische im Leben der Völker. Ibid., v. 78, p. 247—248. — 1953. Der Seeforellenfang in den Salzkammergutseen. Ibid., v. 78, p. 278—279. — 1953. Vom Fang der Rutte. Ibid., v. 78, p. 356—357. — 1953. Sterlettfang. Ibid., v. 78, p. 460. — 1954. Erfahrungen und Beobachtungen beim Zanderfang. Ibid., v. 79, p. 437. — 1955. Vom Aal. Mit den Augen eines Berufsfischers gesehen. Ibid., v. 80, p. 106. — 1955. Erfahrungen beim Fang der Barbe. Ibid., v. 80, p. 221. — 1955. Der Flußbarsch. Ibid., v. 80, p. 395. — 1955. Gedächtnisleistungen von Barsch und Hecht. Ibid., v. 80, p. 446—448. — 1956. Aitelfang in den Wintermonaten. Ibid., v. 81, p. 13—14. — 1956. Erfahrungen beim Fang mit der Brachse. Ibid., v. 81, p. 205. — 1956. Der Schied und sein Fang. Ibid., v. 81, p. 251. — 1956. Die Schleie, einmal anders. Ibid., v. 81, p. 284—286. — 1956. Erfahrungen und Beobachtungen beim Karpfenfang. Ibid., v. 81, p. 415—416. — 1956. Von der Karausche. Ibid., v. 81, p. 499. — 1957. Die Nase und ihr Fang. Ibid., v. 82, p. 11. — 1957. Über das Huchenvorkommen in Oberbayern. Ibid., v. 82, p. 45—46. — 1957. Aalfischerei in Oberbayern. Ibid., v. 82, p. 105. — 1957. Erfahrungen und Beobachtungen beim Zanderfang. Ibid., v. 82, p. 141—142. — 1957. Erfahrungen und Beobachtungen beim Fang der Schleie. Ibid., v. 82, p. 189—190. — 1957. Die Aesche und ihr Fang. Ibid., v. 82, p. 261 bis 262. — 1957. Von der Seeforelle. Ibid., v. 82, p. 310—311. — 1957. Erfahrungen beim Aalfang. Ibid., v. 82, p. 325. — 1957. Beobachtungen über den Geruchssinn der Fische. Ibid., v. 82, p. 346—348. — 1957. Erfahrungen beim Fang der Rutte. Ibid., v. 82, p. 385—386. — 1957. Das Rotauge und sein Fang. Ibid., v. 82, p. 464—465. — 1958. Vom Zander. Ibid., v. 83, p. 6—8. — 1958. Erfahrungen beim Aitelfang. Ibid., v. 83, p. 26—27. — 1958. Über die Einteilung unserer Fischarten. Ibid., v. 83, p. 155. — 1958. Der Flußbarsch. Ibid., v. 83, p. 345—346. — 1958. Der Hecht. Ibid., v. 83, p. 470—471.

A. K., 1950. Das Aitel und sein Fang. Österr. Fischerei, Wien, v. 3, p. 274—276. — A. K., 1958. Besatz und natürliche Fortpflanzung bei Renken in Bayerischen Seen. Allg. Fisch. Zeit., München, v. 83, p. 73—74. — A. R., 1940. Etwas von der Nase. Ein Prolet im Fischwasser. Ibid., v. 65, p. 150. — A. W., 1906. Zur Frage der Wanderung des Huchens. Österr. Fisch. Zeit., Wien, v. 4, p. 60—61, 193—194. — A. W., 1931. Bodenseefischerei. Schweiz. Fisch. Zeit., Zürich, v. 39, p. 218—219. — Aagard, B., 1912. Künstliche Zucht von Süßwasserfischen. Norsk Fiskeritidende, Bergen, v. 31, p. 29—35, 221—231, 504—510. — Abel, O., 1908. Die Anpassung der Wirbeltiere an das Wasserleben. Schr. Ver. Verbr. Nat. Kennt. Wien, v. 48, p. 395—423. — Achelis, H., 1888. Das Symbol des Fisches und die Fischdenkmäler der römischen Katakomben. Marburg a. d. Lahn. Verlag N. G. Elwert. — Achen, H. v. d., 1936. Der Räuber Huchen. Lebensroman eines Raubfisches. Berlin. Vorhut-Verlag Otto Schlegel. — Achleitner, H., 1954. Beobachtungen an Forelleneiern, Forellenbrut und -setzlingen. Österr. Fischerei, Wien, v. 7, p. 70. — Achmüller, J., 1958. Huchen und Äschen im Stausee. Allg. Fisch. Zeit., München, v. 83, p. 187—188. — Ackerhof, A. D., 1869. Die Nutzung der Teiche und Gewässer durch Fischzucht und Pflanzenbau. Quedlinburg. — Ackermann, K., 1898. Tierbastarde. Kassel. — Acloque, A., 1894. Moeurs de la truite de rivières. Naturaliste, Paris, v. 16, p. 31—32. — Acloque, A., 1894. L'anguille. Ibid., v. 16, p. 155 bis 157. — Acloque, A., 1897. L'anguille. Cosmos, Paris, v. 46, p. 355—358; v. 47, p. 71—73. — Acloque, A., 1900. Le brochet. Ibid., v. 49, p. 266—269. — Acolat, L., 1956. La perche goujonnière ou Grémille (Acerina cernua L.) peut être gardée en aquarium et servir à des recherches physiologiques. Bull. Soc. Hist. nat. Doubs, Besançon, v. 58, p. 175—178. — Adamson, W. A., 1960. So fängt man Forellen. Hamburg-Berlin. P. Parey-Verlag. — Adlung, K. G., 1956. Weshalb die auffällige Färbung vieler Fische? Aquaristik, Berlin, v. 2, p. 63—64. — Agassiz, J. L., 1828—29. Beschreibung einer neuen Species aus dem Genus Cyprinus Linn. Isis, v. 21, 1828, p. 1046—1049; v. 22, 1829, p. 414—415; Bull. Férussac, v. 19, 1828, p. 117 bis 118. — Agassiz, J. L., 1830. Prospectus de L'Histoire naturelle des poissons d'eau douce de L'Europe centrale, ou description anatomique et historique des poissons, qui habitens les lacs et les fleuves de la chaîne des Alpes et les rivières, qu'ils recoivent dans les cours. Munich. — Agassiz, J. L., 1835. Ueber die Familie der Karpfen. Mém. Soc., Neuchâtel, v. 1, p. 30—38. — Agassiz, J. L., 1839—42. Histoire naturelle des poissons d'eau douce de l'Europe centrale. Neuchâtel. — Agassiz, J. L., 1854. Notice on a collection of fishes from the southern bend of Tennessee River (in the state of Alabama). Amer. J. Sci., v. 17, p. 297—308. — Agersborg, H. P. K., 1930. The influence of temperature on fishes. Ecology, Brooklyn, v. 11, p. 136—144. — Ahlers, C., 1900. Das Absteigen der Forellen aus Quellbächen. Allg. Fisch. Zeit., München, v. 25, p. 20—21. — Ahlers, C., 1903. Eine Kreuzung der Purpurforelle mit der Regenbogenforelle. Ibid., v. 28, p. 286—287. — Aigner, J., 1859. Salzburgs Fische. Jahrb. Vaterl. Mus. Carolino-August., Salzburg, v. 72, p. 72—79. — Albertowa, O., u. Suchomelowa, K., 1953. Zur ökologischen Variabilität des Gründlings (Gobio gobio L.). Věstník čsl. zool. spol., Praha, *v.* 17, p. 1—7. — Aldinger, H., 1958. Winke mit der Angelrute. Hamburg-Berlin. P. Parey-Verlag. — Alikunhi, K. H., and Rao, N. S., 1949. Observations on the growth of Cyprinus carpio. P. Ind. Sci. Congr., Calcutta, *v.* 35, p. 206. — Alikunhi, K. H., and Runganathan, V., 1946. Acclimatisation of Cyprinus carpio to the plains with notes on its development. Currant. Sci., Bangalore, *v.* 15, p. 233. — Alikunhi, K. H., and Runganathan, V., 1948. Bionomics, breeding habits and developemt of the tench, Tinca tinca in the Nilgiri waters. P. Ind. Sci. Congr., Calcutta, *v.* 34, p. 179. — Allan, I. R. H., 1955. Effects of polution on fisheries. Verh. Intern. Vereinig. Limnol., Stuttgart, *v.* 12, p. 804—813. — Allee, W. C., and Frank, P., 1949. The utilization of minute food particles by goldfish. Physiol. Zool., Chicago, *v.* 22, p. 346—358. — Allen, K. R., 1935. The food and migration of the perch (Perca fluviatilis) in Windermere. J. Animal Ecology, London, *v.* 4, p. 264—273. — Allen, K. R., 1938. Observation on the biology of the trout (Salmo trutta) in Windermere. Ibid., *v.* 7, p. 333—349. — Allyn, R. R., 1955. Dictionary of fishes. Berlin. Verlag Friedländer. — Alm, G., 1923. Über die Prinzipien der quantitativen Bodenfaunistik und ihre Bedeutung für die Fischerei. Verh. Int. Vereinig. Limnol., Stuttgart, *v.* 1, p. 1—50. — Alm, G., 1924. Die quantitative Untersuchung der Bodenfauna und -flora in ihrer Bedeutung für die theoretische und angewandte Limnologie. Stuttgart. Verlag Schweizerbart. — Alm, G., 1952. Year class fluctuations and span of life of perch. Rep. Inst. Freshw. Res., Drottningholm, *v.* 33, p. 17—38. — Alm, G., 1954. Maturity, mortality and growth of perch, Perca fluviatilis L., grown in ponds. Ibid., *v.* 35, p. 11—20. — Alm, G., 1955. Artificial hybridization between different species of the salmon family. Ibid., *v.* 36, p. 13—56. — Alpers, F., 1932. Beitrag zur Kenntnis der Lebensweise des Cypriniden Squalius cephalus L. Zool. Anz., *v.* 100, p. 284—292. — Altnöder, K., 1934. Die Aussetzung von Bachforellen in die Ostsee. Ber. Komm. D. Meere, Kiel, *v.* 7, p. 1—33. — Amann, E., 1948. Zusammenhänge zwischen Brutwassertemperatur und Brutdauer, untersucht an Sandfelcheneiern aus dem Zürichersee. J. Hydrol., Aarau, *v.* 11, p. 263—276. — Amann, E., u. Steinmann, P., 1948. Die Verbesserung der Methoden in der Felchenzucht. Zürich-Pfäffikon. Verlag W. Kunz. — Amanshauser, H., 1950. Einige Beobachtungen über die Ernährung und das Wachstum der Salmoniden. Mt. Naturw. Arbeitsgemschft. Zool., München, *v.* 1, p. 62—64. — Annasohn, W., 1933. Der Blaufelchenfang in der Laichzeit 1932 im Bodensee (Oberseegebiet des Bez. Arbon-Thurgau). Schweiz. Fisch. Zeit., Zürich, *n.* 41, p. 39—41. — Annasohn, W., 1933. Die Blaufelchenschwemme. Ibid., *v.* 41, p. 263—265. — Annasohn, W., 1934. Blaufelchenlaich im Bodensee. Ibid., *v.* 42, p. 61—63. — Annasohn, W., 1935. Blaufelchenlaichfang im Bodensee. Ibid., *v.* 43, p. 39—40. — Anners, J., 1922. Der Hecht. Wochenschr. Aquar. Terrar., Braunschweig, *v.* 19, p. 347—349. — Antipa, G., 1905. Die Störe und ihre Wanderungen in den europäischen Gewässern mit besonderer Berücksichtigung der Störe der Donau und des Schwarzen Meeres. Ber. Int. Fisch. Kongreß Wien, p. 1—22; Allg. Fisch. Zeit. München, *v.* 31 (1906), p. 246—249. — Antipa, G., 1909. Fauna ichthyologica a Romaniei. Publ. Ac. Rom., *v.* 16, p. 1—294. — Antipa, G., 1911. Fischerei und Flußregulierung. Allg. Fisch. Zeit., München, *v.* 17, p. 1—8. — Anutschin, A., 1924. Über eine Mutation des Brachsen (Abramis brama L.). Russ. Z. Hydrol., Saratow, *v.* 3, p. 71—72. — Apelt, H., 1954. Der Zwergwels (Ameiurus nebulosus). Aquar. Terrar. Z., Stuttgart, *v.* 7, p. 257—258. — Arcangeli, A., 1921. Sulle diversi Collorazioni di Carassius auratus L. e le cause che le determinano. Riv. Biol. Roma, *v.* 3, p. 33—52. — Arens, C., 1887. Beobachtungen über das Laichgeschäft, die künstliche Bebrütung und die Brutaussetzung der Forellen. Allg. Fisch. Zeit., München, *v.* 12, p. 25—27. — Arens, C., 1887. Bachsaibling und Regenbogenforelle. Ibid., *v.* 12, p. 361—363; Mt. Oesterr. Fisch. Ver., Wien, *v.* 7, p. 145. — Arens, C., 1892. Bestimmung des Geschlechts bei Fischen. Allg. Fisch. Zeit., München, *v.* 17, p. 97. — Arens, C., 1892. Salmo alsaticus (S. fontinalis). Ibid., *v.* 17, p. 338—339. — Arens, C., 1893. Bastarde zwischen Forelle und Bachsaibling. Ibid., *v.* 18, p. 148—149. — Arens, C., 1894. Über den Bachsaibling. Ibid., *v.* 19, p. 237—239. — Arens, C., 1894. Über den Lachsbastard. Ibid., *v.* 19, p. 346—348. — Arens, C., 1895. Die Regenbogenforelle. Ibid., *v.* 20, p. 379—381. — Arens, C., 1896. Über den Wert des Bachsaiblings und der Regenbogenforelle gegenüber der Bachforelle. Ibid., *v.* 21, p. 169—174. — Arens, C., 1896. Bastarde zwischen Bachsaibling und Forellen. Ibid., *v.* 21, p. 273—274. — Arens, C., 1898. Die Laichzeit der Bach- und Regenbogenforelle. Ibid., *v.* 23, p. 71—73. — Arens, C., 1899. Die rationelle Bewirtschaftung von Forellenbächen. Ibid., *v.* 24, p. 197—201. — Arens, C., 1899. Über das Abwachsvermögen der Regenbogenforelle. Ibid., *v.* 24, p. 370, 402. — Arens, C., 1900. Zur Laichzeit der Regenbogenforelle. Ibid., *v.* 25, p. 82—83. — Arens, C., 1900. Die künstliche Fütterung der Forelle. Ibid., *v.* 25, p. 212—213, 234—237. — Arens, C., 1900. Über das Aussetzen der Forellenbrut in Bächen. Ibid., *v.* 25, p. 259—262. — Arens, C., 1903. Zur Akklimatisation der Regenbogenforelle. Ibid., *v.* 28, p. 274—278, 313—318. — Arens, C., 1904. Über die Färbung der Forellen und die Farbe ihres Fleisches. Ibid., *v.* 29, p. 288—289. — Arens, C., 1904. Über Forellenbrutaussetzungen. Ibid., *v.* 29, p. 383—387. — Arens, C., 1905. Erfahrungen über die Laichzeit der Regenbogenforelle. Ibid., *v.* 30, p. 290

bis 293. — Arens, C., 1906. Über die Laichzeit der Salmoniden. Ibid., v. 31, p. 45—47. — Arens, C., 1910. Die Blutauffrischung in der Forellenzucht. Ibid., v. 35, p. 418—424. — Arens, C., 1919. Bastardierung und Artbestimmung der Salmoniden. Ibid., v. 44, p. 120—121. — Arens, C., 1929. Bachsaiblinge und Regenbogenforellen. Österr. Fisch. Zeit., Wien, v. 26, p. 66; Mt. Fisch. Ver., Brandenburg, Berlin, v. 1, p. 1. — Arens, P., 1931. Vom vergleichsweisen Wert großer und kleiner Forelleneier und über die Verschiedenheit der Forellenlaichzeiten. Allg. Fisch. Zeit., München, v. 56, p. 113—117, 374. — Argus, L., 1910. Ist der Neunaugenzopf für den Huchen ein ausgesprochener Reizköder? Österr. Fisch. Zeit., Wien, v. 7, p. 12—13. — Argus, L., 1910. Der Huchen. Ibid., v. 7, p. 348. — Argus, L., 1911. Zur Frage der Huchenwanderung. Ibid., v. 8, p. 107—108. — Argus, L., 1913. Zur Frage der Wanderung des Huchens. Ibid., v. 10, p. 79. — Arldt, T., 1923. Zur Ausbreitungsgeschichte der Fische, besonders der Fische der kontinentalen Gewässer. Arch. Hydrob. Planktonk., v. 14, p. 478—522. — Armistead, W. G., 1908. Trout waters; management and angling. London. — Arnold, F., 1901. Über die Fischnahrung in den Binnengewässern. Verh. Int. Zoologenkongr., Berlin, p. 553—566. — Arnold, I., 1881. How do blackbass spawn? Forest and Stream, New York, v. 16, p. 113. — Arnold, I. N., 1939. Northward progression of carpculture. Bull. Inst. Freshw. Fish., Leningrad, v. 21, p. 31—50. — Arnold, J., 1912. Zur Frage über die Altersbestimmung der Süßwasserfische. Allg. Fisch. Zeit., München, v. 37, p. 61—67. — Arnold, J., 1914. Über den Geschmackssinn und Geruchssinn bei Fischen. Wochenschr. Aquar. Terrar., Braunschweig, v. 11, p. 659. — Arnold, J., 1940. Synonyma und ihre Entstehung. (Zur Nomenklatur unserer Fische.) Ibid., v. 37, p. 197—198, 207—208. — Artedi, P., 1738. Ichthyologia, sive opera omnia de piscibus scilicet: Bibliotheca ichthyologica. Lugduni Batavorum. — Asper, G., 1890. Die Fische der Schweiz und die künstliche Fischzucht. Bern. — Athanassopoulos, M. G., 1937. Biologie de l'anguille. Int. Rev. Hydrob., v. 36, p. 213—225. — Au, W., 1912. Monogamie, Polygamie und Polyandrie bei den Fischen. Bl. Aquar. Terrar., Stuttgart, v. 23, p. 581—582. — Audigé, J., et Loup, F., 1909. De la capacité reproductrice de quelques téléostéens d'eau douce en milieu restreint. Bull. Soc. Hist. nat. Toulouse, v. 42, p. 175—179. — Auer, C., 1909. Das Verhalten meiner Fische vor und nach dem Erdbeben. Natur und Haus, Berlin, v. 17, p. 687. — Auerbach, M., 1920. Fischereibiologische Untersuchungen am Bodensee. Festschr. Zschokke. Basel. — Auerbach, M., 1921. Zur Entwicklungsgeschichte des Blaufelchens. Allg. Fisch. Zeit., München, v. 46, p. 35—37. — Auerbach, M., 1921. Gedanken über künstliche Vermehrung am Bodensee. Ibid., v. 46, p. 55—57. — Auerbach, M., 1921. Zur Frage der Blaufelchenzucht am Bodensee. Ibid., v. 46, p. 127—129. — Auerbach, M., Märker, W., u. Schmatz, J., 1923. Hydrographisch-biologische Untersuchungen. Ergebnisse der Jahre 1920—22. Arch. Hydrob. Planktonk., v. 3, p. 597—738; Verh. naturw. Ver. Karlsruhe, v. 30, p. 1—125. — Auerbach, M., u. Schmatz, J., 1931. Die Oberflächen- und Tiefenströme des Bodensees. Arch. Hydrob. Planktonk., v. 23, p. 231—249. — Aumüller, G., 1891. Über die Fortpflanzung des Bachsaiblings (Salmo fontinalis). Allg. Fisch. Zeit., München, v. 16, p. 163. — Austin, A., 1900. A historical scetch of fishculture. P. Newport nat. Hist. Soc., Newport, v. 9, p. 85—107. — Austin, P., 1954. Growthrate of pike. Fishing Gazette, Beckenham (England), v. 136, p. 376—377, 445—446. — Awerinzew, S., 1933. Zur Frage der Methode der Fischrassenforschung. Zool. Anz., v. 103, 274—278. — Awerinzew, S., 1933. Über einige zur Bestimmung der Größe des Fischbestandes eines Gewässers benötigten Daten. J. Cons. Explor. Mer, Copenhague, v. 8, p. 230—234. — Axelrod, H. R., and Schultz, L. P., 1955. Handbook of Tropical Aquarium Fishes. New York. Mc. Graw Hill Book Company. — Az, J. W., 1949. The social life of fishes. Animal Kingdom. New York, v. 52, p. 154—160. — B., 1891. Die Bevölkerung unserer Seen mit Edelfischen, speziell mit Maränen und Zandern. Allg. Fisch. Zeit., München, v. 16, p. 267—269. — B., 1891. Aale im Donaugebiet. Ibid., v. 16, p. 289—290. — B., 1895. Giftige einheimische Fische. Ibid., v. 20, p. 381—382. — B., 1899. Werth des amerikanischen Forellenbarsches in Karpfenteichen. Ibid., v. 24, p. 361—362. — B., 1903. Komet-Goldfisch. Bl. Aquar. Terrar., Magdeburg, v. 14, p. 179. — B., 1903. Raubfische. Ibid., v. 14, p. 324, 340. — B., 1914. Alter der Fische. Wochenschr. Aquar. Terrar., Braunschweig, v. 11, p. 579. — B. E., 1949. Einwirkung einer Wasserspiegelsenkung auf das Fortpflanzungsvermögen des Hechtes. Allg. Fisch. Zeit., München, v. 74, p. 192—193. — Br., H., 1954. Die Aalraupe (Lota lota L.). Ibid., v. 79, p. 243. — Bacescu, M., 1947. Eupomotis gibbosus (L.), studiu etnozoologic, zoogeografic si morfologic. An. Acad. Romana, Bucuresti, v. 17, p. 547—560. — Bachmann, H., 1916. Seenforschung und Fischerei. Schweiz. Fisch. Zeit., Zürich, v. 24, p. 1—50. — Backiel, T., and Potals, K., 1956. Ein Versuch zur Erhöhung der Fischproduktion auf biocönotischer Grundlage. Verh. Int. Ver. Limnol., Stuttgart, v. 13, p. 748—753. — Bade, E., 1896. Der Bitterling. Bl. Aquar. Terrar., Magdeburg, v. 7, p. 184—187. — Bade, E., 1897. Das Gedächtnis der Fische. Ibid., v. 8, p. 158, 233—238. — Bade, E., 1897. Der Barsch (Perca fluviatilis L.). Ibid., v. 8, p. 289—291. — Bade, E., 1898. Die Schleie (Tinca vulgaris Cuv.). Ibid., v. 9, p. 166—168. — Bade, E., 1898. Der Karpfen und seine Rassen. Ibid., *v.* 9, p. 186—189, 211—213, 230—231. — Bade, E., 1899. Der langohrige Sonnenfisch (Lepomis auritus Gill). Ibid., *v.* 10, p. 1—2. — Bade, E., 1899. Unsere Stichlinge und ihr Nestbau. Ibid., *v.* 10, p. 59—64. — Bade, E., 1899. Die Ellritze (Phoxinus laevis Ag.). Ibid., *v.* 10, p. 85—86. — Bade, E., 1899. Die Groppe und ihre Gewöhnung an das Aquarium. Ibid., *v.* 10, p. 249—250. — Bade, E., 1900. Der Schleierschwanz und Teleskopschleierschwanz. Ihre Zucht und Pflege und Beurteilung ihres Wertes. Magdeburg. Verlag Creutze. — Bade, E., 1902. Die mitteleuropäischen Süßwasserfische. Berlin. Verlag Walther. — Bade, E., 1902. Die eingeführten nordamerikanischen Wirtschaftsfische für den Teich und das Aquarium. Berlin. Verlag Walther. — Bade, E., 1904. Mitteleuropäische Süßwasserfische. Bl. Aquar. Terrar., Magdeburg, *v.* 15, p. 186. — Bade, E., 1904. Die Forelle und die künstliche Fischzucht. Ibid., *v.* 15, p. 229—231. — Bade, E., 1905. Die Schwanz- und Afterflossen des Schleierschwanzes. Ibid., *v.* 16, p. 74—77, 86—88, 96—98, 105—106. — Bade, E., 1905. Vier einheimische Karpfenfische. Ibid., *v.* 16, p. 268—270, 279, 286, 316. — Bade, E., 1909. Das Süßwasseraquarium. Die Flora und Fauna des Süßwassers und ihre Pflege im Zimmeraquarium. Berlin. Verlag Pfenningstorff. — Bader, R., 1929—30. Kaltwasserfische. Wochenschr. Aquar. Terrar., Braunschweig, *v.* 26 (1929), p. 786; *v.* 27 (1930), p. 99—100, 238 bis 239, 339—340. — Bader, R., 1932. Hundsfische. Bl. Aquar. Terrar., Stuttgart, *v.* 43, p. 305—306. — Bader, R., 1933. Anpassung und Abstammung. Wochenschr. Aquar. Terrar., Braunschweig, *v.* 30, p. 278—281. — Bader, R., 1934. Atmung des Hundsfisches (Umbra). Bl. Aquar. Terrar., Stuttgart, *v.* 45, p. 356. — Baege, M. H., 1915. Die Sinnesorgane der Fische. Wochenschr. Aquar. Terrar., Braunschweig, *v.* 12, p. 232—234. — Baege, M. H., 1933. Hirnentwicklung und Verhaltensweise. Ibid., *v.* 30, p. 607—609. — Baege, M. H., 1933. Der Winterschlaf der Tiere. Ibid., *v.* 30, p. 687—688. — Baege, M. H., 1934. Die Sinnesorgane der Fische und ihre Funktionen. Ibid., *v.* 31, p. 117—119. — Bähring, K., 1913. Etwas über die Forelle und Aesche. Österr. Fisch. Zeit., Wien, *v.* 10, p. 47. — Baeke, K., 1933. Einheimische Fische in unseren Aquarien. Bl. Aquar. Terrar., Braunschweig, *v.* 34, p. 107—111, 141—144, 159—161, 267—268. — Baggermann, B., 1957. An experimental study on the time of breeding and migration in the three-spined stickelback (Gasterosteus aculeatus L.). Arch. Néerl. Zool. Harlem, *v.* 12, p. 105—317. — Bahr, K., 1936. Meerforellen als Besatz in Forellenteichwirtschaften. Allg. Fisch. Zeit., Munchen, *v.* 10, p. 152—155. — Bahr, K., 1952. Über Haltung und Zucht des Flußneunauges (Petromyzon fluviatilis L.). Aquar. Terrar. Z., Stuttgart, *v.* 5, p. 205—208. — Bailey, R. M., 1940. A revision of the black bass. Misc. Pub. Mus. Zool. Univ. Michigan, *v.* 48, p. 1—50. — Bainbridge, R., 1958. The speed of swimming fish as related to size and to the frequenzy of the tailbeat. J. exp. Biol., New York, *v.* 35, p. 109—133. — Baisch, H., 1950. Das Rotauge. Allg. Fisch. Zeit., München, *v.* 75, p. 465—466. — Baisch, H., 1951. Die Sprache der Fischer. Ibid., *v.* 76, p. 111—112. — Balon, E., 1953. Untersuchungen über Alter und Wachstum der Aesche. Zoolog. Entomol. Listy, Praha, *v.* 2, p. 1—7. — Balon, E., 1955. Růst plotice (Rutilus rutilus). A revise hlavních metod jeho určovaní. Slovenská Akadémia vied, Bratislava, *v.* 2, p. 5—10. — Balon, E., 1956. Medzidruhová Hybridicácia Dunájskych Rýb. I. Oplodnenie Ikier Ostrieža Dunajského spermiou zubača obycajného (Perca fluviatilis infraspecies vulgaris ♀ × Lucioperca lucioperca ♂). Pol'nohospodárstvo, Bratislava, *v.* 3, p. 583—592. — Balon, E., 1956. Neres a postembryonálny vývoj plotice (Rutilus rutilus ssp.). Príspevok k systematike ekológii, morfológii, veku, rastu a počtu ikier u šable krivočiarej (Pelecus cultratus L.) z Dunaja pri Medvedove. Biol. práce, Bratislava, *v.* 2, p. 1—62, 63—88. — Balon, E., 1956. Vývoj Hlavátky (Hucho hucho L.) počas endogénneho sposubu výživy po vyliahnutí. Pol'nohospodárstvo, Bratislava, *v.* 3, p. 433—455. — Balon, E., 1957. K rastu a biometrike lariev mihula potocnej (Lampetra planeri Bl.) z riezkej Lucina v Sliezsku. Acta Soc. Zool. Bohemoslovenice, Bratislava, *v.* 21, p. 193—202. — Balon, E., 1957. Vek a rast neresového stada dunajského kapra sazana (Cyprinus carpio morpha hungaricus Heck.) z. malého dunaja nad Kolárovum. Pol'nohospodárstvo, Bratislava, *v.* 4, p. 961—986. — Balon, E., 1958. Prispevok k poznaniu veku a rastu plotice Lesklej dunajskej (Rutilus pigus virgo) a charakteristike rastu niektorých rýb. Ibid., *v.* 5, p. 289—300. — Balon, E., 1958. Die Entwicklung der Beschuppung des Donau-Wildkarpfens. Zool. Anz., *v.* 160, p. 68—73. — Balon, E., 1958. Vývoj Dunajského kapra (Cyprinus carpio carpio L.) v priebehu predlarválnej fázy a lavárnej periódy. Biol. práce, Bratislava, *v.* 4, p. 7—54. — Balon, E., 1959. O Okresowosci w Zyciu Ryb. Zaklad. Biol. Stawów Polskiej Akad., Kraków, *v.* 7, p. 5—15. — Balon, E., 1959. Postup osifikácie šupín u lopatky dúhovej (Rhodeus sericeus amarus). Biologia, Bratislava, *v.* 14, p. 173—178. — Balon, E., 1959. Die embryonale und larvale Entwicklung der Donauzope (Abramis ballerus subsp.). Biol. práce, Bratislava, *v.* 5, p. 1—78. — Balon, E., 1959. Die Entwicklung des akklimatisierten Lepomis gibbosus (Linné 1758) während der embryonalen Periode in den Donauseitenwässern. Z. Fisch. Hilfsw. Berlin-Friedrichshagen, *v.* 8, N. F., p. 1 bis 27. — Balon, E., 1959. Zakladanie lusek u ploči (Rutilus rutilus L.) i owsianki (Leucaspius delineatus Heck.). Polskie archivum hydrobiol., Warszawa, *v.* 3, p. 176—187. — Balon, E.,

u. Misik, W., 1956. Verzeichnis von Belegen über das Vorkommen einiger wenig bekannter oder neuer Fischarten in der Slowakei. Biologia, Bratislava, v. 11, p. 168—176. — Banarescu, P., 1953. Zur Kenntnis der Systematik, Verbreitung und Ökologie von Gobio uranoscopus (Ag.) aus Rumänien. Mém. Soc. Zool. Čech., Praha, v. 17, p. 178—198. — Banarescu, P., 1954. Biometrische und systematische Studien an Gobio gobio aus Rumänien. Ibid., v. 18, p. 6—40. — Banarescu, P., 1956. Importance des espèces de goujons (Gobio) comme indicateurs des zones biologiques rivières. Bull. Inst. Cercet. Pisc. Roman., Bucuresti, v. 15, p. 53—56. — Banarescu, P., 1956. Genul Leuciscus (Pisces, Cyprinidae) in apele Rominesti. Ann. Inst. Cercet. Inst. Pisc., Bucuresti, v. 1, p. 273—287. — Banarescu, P., 1958. Ansichten über Probleme der Artbildung bei Fischen. Ann. Romino-Soviet., Ser. Biologia, Bucuresti, v. 1, p. 109—131. — Barfurth, D., 1885. Über Sterilität bei Salmoniden. Bayer. Fisch. Zeit., München, v. 7, p. 222 bis 223, 261—263. — Barfurth, D., 1886. Biologische Untersuchungen über die Bachforelle. Bonn. Verlag Cohen u. Sohn. — Barth, H., 1957. Das Auge der Fische. Z. Vivar., Berlin, v. 3, p. 161—166. — Bartik, M., 1955. Studie o stanovistich balena drahevo (Aspius aspius L.) v Zilwce. Časopis narodni Mus., Praha, v. 124, p. 89—93. — Bauch, G., 1955. Die einheimischen Süßwasserfische. Radebeul-Berlin, Verlag Neumann. — Bauer, K., 1958. Eine Meergrundel (Proterorhinus marmoratus) in Österreich. Aquar. Terrar. Z., Stuttgart, v. 11, p. 235 bis 238. — Bauer, K., u. Schubert, P., 1957. Proterorhinus marmoratus Pallas (Gobiidae). Burgenl. Heimatbl., Eisenstadt, v. 19, p. 1—4. — Bauer, V., 1920. Zur Ökologie der Uferbank (Wysse) des Bodensees. Allg. Fisch. Zeit., München, v. 45, p. 282—286. — Bauer, V., 1921. Laichfang und Aufzucht der Felchen. Ibid., v. 46, p. 74—80. — Bauer, V., 1923. Bericht über statistische Feststellungen während des Blaufelchen-Laichfanges im Dezember 1921. Ibid., v. 48, p. 2—6. — Baumann, E., 1921. Handeln die Fische mit Überlegung? Schweiz. Fisch. Zeit., Zürich, v. 29, p. 256—259. — Baumann, E., 1927. Der Alet, Squalius cephalus. Ibid., v. 35, p. 257—263. — Baumann, E., 1955. Möglichkeiten der Unterscheidung von jungen Lachsen und Meerforellen. Arch. Fisch. Wiss., Hamburg, v. 6, p. 10—19. — Baumgardt, G., 1903. Der Hecht im Aquarium. Bl. Aquar. Terrar., Magdeburg, v. 14, p. 220. — Baumgardt, G., 1903. Zutraulichkeit einer Schleie. Ibid., v. 14, p. 251. — Baumgardt, G., 1903. Aale im Aquarium. Ibid., v. 14, p. 264. — Baumgardt, G., 1903. Ein sonderbares Temperament der Goldfische. Ibid., v. 14, p. 280. — Baumgardt, G., 1904. Gedächtnisproben bei Fischen. Ibid., v. 15, p. 121—122. — Baumgardt, G., 1922. Unsere Steinbeißer. Wochenschr. Aquar. Terrar., Braunschweig, v. 19, p. 268. — Baumgardt, G., 1922. Junge Quappen. Ibid., v. 19, p. 441. — Bayersdörfer, K., u. Scheffelt, V., 1923. Der Blaufelchen-Laichfang von 1922. Allg. Fisch. Zeit., München, v. 48, p. 6—7. — Bayracki, J., 1936. Die Schuppenentwicklung der Süßwasserfische und ihre ökologische Bedeutung. Int. Rev. Hydrob., v. 33, p. 73—155. — Beck, G., 1885. Wirbelthiere in: Fauna von Hernstein in Niederösterreich. Wien. — Becker, W., 1890. Die Gewässer in Österreich. Wien, k. k. Staatsdruckerei. — Beer, Th., 1896. Der Schlaf der Fische. Allg. Fisch. Zeit., München, v. 21, p. 28—29. — Behr, K., 1891. Fischerei im Rhein und Bodensee. Ibid., v. 16, p. 256—257. — Behrens, O., 1953. Das Wunder der laichenden Fische. Fische lernen Treppen steigen und Fahrstuhl fahren. Ibid., v. 78, p. 67—68. — Behring, A., 1913. Über die Nahrung des Sterletts (Acipenser ruthenus). Österr. Fisch. Zeit., Wien, v. 10, p. 7—8. — Bellini, A., 1910. Aalzuchtversuche. Z. Fisch. Hilfsw., Berlin, v. 15, p. 1—5. — Benda, H., 1949. Der Riedling des Traunsees. Österr. Fischerei, Wien, v. 2, p. 219 bis 221. — Benda, H., 1950. Fischereibiologisches über den Neusiedlersee. Ibid., v. 3, p. 8—9. — Benda, H., 1955. Über die Gefräßigkeit der Regenbogenforellen. Ibid., v. 8, p. 77. — Benecke, B., 1882. Ichthyologische Irrthümer. Bayer. Fisch. Zeit., München, v. 7, p. 289 bis 290. — Benecke, B., 1883. In welchem Alter sollen künstlich erbrütete Coregonen in freie Gewässer gesetzt werden? Ibid., v. 8, p. 38—40. — Benecke, B., 1883. Der Aalfang im süßen Wasser. Ibid., v. 8, p. 89—90, 101—104, 129—130, 229—231. — Benecke, B., 1884. Eine Karausche von ungewöhnlichem Aussehen. Ibid., v. 9, p. 61—62. — Benecke, B., 1884. Teichbau und Teichwirtschaft. Ibid., v. 10, p. 116—117, 130—131. — Benecke, B., 1885. Die Eier des Aals. Ibid., v. 10, p. 263—264. — Benecke, B., 1886. Ein neuer Cyprinoidenbastard. Zool. Anz., v. 165, p. 1—4. — Benecke, B., 1921. Die Teichwirtschaft. 6. Aufl., neubearb. v. H. Debschitz. Berlin, Verlag P. Parey. — Berbig, O., 1924. Fischwitterung. Schweiz. Fisch. Zeit., Zürich, v. 32, p. 194—196. — Berg, L. S., 1932. Über Carassius carassius und Carassius gibelio. Zool. Anz., v. 28, p. 15—18. — Berg, L. S., 1940. Classification of fishes both recent and fossil. Trav. Inst. Zool. Ac. Sc. URSS., Moscow, v. 5, p. 1—517. — Berg, L. S., 1949. Die Süßwasserfische der UdSSR und der angrenzenden Länder. Moskau-Akademieverlag. — Berg, L. S., 1958. System der rezenten und fossilen Fischartigen und Fische. Berlin, Verlag d. Wissenschaften. — Beringer, M. J., 1903. Einiges zur Aufzucht und Überwinterung einsömmriger Karpfen. Allg. Fisch. Zeit., München, v. 28, p. 358—361. — Berndt, W., 1925. Vererbungsstudien an Goldfischrassen. Z. Abstammungsl., Leipzig, v. 36, p. 161—349. — Berndt, W., 1928. Wildformen und Zierrassen bei der Karausche. Zool. Jahrb., v. 45, p. 841

bis 972. — Berr, M., 1915. Über das Mindestmaß beim Hecht. Österr. Fisch. Zeit., Wien, *v.* 12, p. 144; Allg. Fisch. Zeit., München, *v.* 40, p. 177—179. — Berr, M., 1917. Über Hechtbrut. Ibid., *v.* 42, p. 119—120. — Bertin, L., 1956. Eels. A biological study. London, Cleaver-Hume Press. — Bertsch, K., 1952. Der See als Lebensgemeinschaft. Ravensburg, Verlag Otto Maier. — Berwein, M., 1941. Beobachtungen und Versuche über das gesellige Leben der Ellritze. Z. Physiol., *v.* 28, p. 402—420. — Besana, L., 1909. Eierzahl des Flußbarsches. Fisch. Zeit., Neudamm, *v.* 12, p. 354. — Beust, A., 1948. Der Flußbarsch. Österr. Fischerei, Wien, *v.* 1, p. 265—266. — Bilgeri, J., 1939. Der Karpfen im Bodensee. Allg. Fisch. Zeit., München, *v.* 64, p. 120. — Bilgeri, J., 1941. Der Zander im Bodensee. Ibid., *v.* 66, p. 36—37. — Bilgeri, J., 1952. Erfahrungen mit der Hochwassertheorie in der Blaufelchenfischerei des Bodensees. Ibid., *v.* 77, p. 319—320. — Bilgeri, J., 1952. Sport und Beruf am Bodensee. Ibid., *v.* 77, p. 431—433. — Bilgeri, J., 1954. Nachteilige Auswirkung des Raubplanktons bei geringem Blaufelchenbestand im Bodensee. Ibid., *v.* 79, p. 108. — Binkert, O., 1932. Das Zunftwesen auf dem Gebiete der Fischerei im Mittelalter. Österr. Fisch. Zeit., Wien, *v.* 29, p. 10. — Birkner, F., 1900. Die Herkunft der magyarischen Fischerei. Allg. Fisch. Zeit., München, *v.* 25, p. 455—457. — Bischoff, W., 1909. Anleitung zur Angelfischerei. 3. Aufl., Neubearb. v. Bayer. Landes-Fischerei-Verein. München, Verlag Braun u. Schneider. — Bloch, E. M., 1782. Ökonomische Naturgeschichte der Fische Deutschlands. Berlin, Buchhandlung Hesse, *v.* 1—3. — Bloch, E. M., 1801. Systema Ichthyologiae post obitum auctoris opus inchoatum absolvit, correxit, interpolavit. J. G. Schneider, Berolini. Im Selbstverlag. — Blöch, F., 1941. Neue Wege beim Schill-Besatz. Allg. Fisch. Zeit., München, *v.* 66, p. 65. — Blöch, F., 1941. Der Neusiedlersee und seine Fischerei. Ibid., *v.* 66, p. 137—139. — Blume, F., 1893. Die Behandlung sogenannter Hausteiche. Ibid., *v.* 18, p. 35—37. — Bobinger, M., 1951. Vom Sterben der Fische. Ibid., *v.* 76, p. 56—58. — Bobinger, M., 1951. Hochzeit der Hechte. Ibid., *v.* 76, p. 110—111. — Bock, R., 1915. Die Waffen der Fische. Bl. Aquar. Terrar., Braunschweig, *v.* 26, p. 230—231. — Böhmer, A., 1920. Ein Beitrag zur Pflege unserer einheimischen Fische. Wochenschr. Aquar. Terrar., Braunschweig, *v.* 17, p. 103—105. — Bösch, J., 1928. Etwas über die Lebendhaltung gefangener Fische. Schweiz. Fisch. Zeit., Zürich, *v.* 36, p. 25—26. — Böttger, W., 1913. Zur Entstehung der Goldfischlinge. Bl. Aquar. Terrar., Stuttgart, *v.* 24, p. 53—57, 84—88, 99—101. — Bonaparte, L. C., 1832—41. Iconografia dell Fauna d'Italia per le quattro classi degli animali vertebrati. Roma, Tipografia Salviucci, *v.* 3, Posci. — Borgmann, H., 1892. Die Fischerei im Walde. Ein Lehrbuch der Binnenfischerei für Unterricht und Praxis. Berlin, Verlag Springer. — Borgmann, H., 1901. Karpfenzirkel für subtile Zuchtwahl. Allg. Fisch. Zeit., München, *v.* 26, p. 144—148. — Borne, M., 1880. Die Fischereiverhältnisse des Deutschen Reichs, Österreich-Ungarns, der Schweiz und Luxemburgs. Berlin, Verlag P. Parey. — Borne, M., 1882—83. Black Bass. Bayer. Fisch. Zeit., München, *v.* 7 (1882), p. 189; *v.* 8 (1883), p. 188—189. — Borne, M., 1885. Der amerikanische Schwarz- und Forellenbarsch. Ibid., *v.* 10, p. 330—331. — Borne, M., 1886. Der Schwarzbarsch und der Forellenbarsch, ihr wirtschaftlicher Wert und ihre Züchtung. Allg. Fisch. Zeit., München, *v.* 11, p. 53—58. — Borne, M., 1886. Zwei neue amerikanische Barscharten in Deutschland. Ibid., *v.* 11, p. 176. — Borne, M., 1887. Die Fischerei mit der künstlichen Fliege. Ibid., *v.* 12, p. 6—8, 51—55. — Borne, M., 1887. Der Fang des Hechtes mit der Spinnangel. Ibid., *v.* 12, p. 223—225. — Borne, M., 1887. Der Zwergwels. Ibid., *v.* 12, p. 258—259. — Borne, M., 1887. Der Schwarzbarsch und der Forellenbarsch. Neudamm, Verlag Neumann. — Borne, M., 1888. Züchtung von Zandern, Maränen und Karpfen in den Karpfenteichen zu Wittingen in Böhmen. Allg. Fisch. Zeit., *v.* 13, p. 301—303. — Borne, M., 1890. Der amerikanische Steinbarsch in Deutschland. Neudamm, Verlag Neumann. — Borne, M., 1891. Die Züchtung des Schwarzbarsch (Blackbass). Dtsch. Jäger Zeit., Berlin, *v.* 17, p. 113; Mt. Österr. Fisch. Ver., Wien, *v.* 11, p. 115. — Borne, M., 1891. Die Mitteilungen amerikanischer Sachverständiger über den Blackbass (Schwarzbarsch). Allg. Fisch. Zeit., München, *v.* 16, p. 77—80. — Borne, M., 1891. Die Züchtung des Blackbass. Ibid., *v.* 16, p. 125—126. — Borne, M., 1892. Die amerikanischen Barsche. Ibid., *v.* 17, p. 195. — Borne, M., 1892. Taschenbuch der Angelfischerei. Berlin, Verlag P. Parey. — Borne, M., 1893. Der Schwarzbarsch und der Forellenbarsch. Neudamm, Verlag Neumann. — Borne, M., 1894. Ein Ersatz für den Hecht im Karpfenteich. Allg. Fisch. Zeit., München, *v.* 19, p. 145—146. — Borne, M., Benecke, B., u. Dalmer, E., 1885. Handbuch der Fischzucht und Fischerei. Berlin, Verlag P. Parey. — Borne-Fliege, M., 1951. Die Angelfischerei, neubearbeitet von Aldinger, H. 10. Aufl. Berlin, Verlag P. Parey. — Bornet, N., 1882. Ein achtunddreißigjähriger Karpfen. Bayer. Fisch. Zeit., München, *v.* 7, p. 324—325. — Bossard, W. E., 1913. Gutachten über die Regulierung des Bodensees. Mt. Abt. Landeshydrogr., Bern, *v.* 3, p. 1—50. — Braach, H., 1936. Tur Dell, die Geschichte eines Hechtes. Oldenburg-Berlin, Verlag G. Stalling. — Braatz, H., 1926. Der Hecht im Aquarium. Wochenschr. Aquar. Terrar., Braunschweig, *v.* 24, p. 272—273. — Brachmann, G., 1951—52. Beiträge zur Geschichte der Fischerei in Österreich. Österr.

Fischerei, Wien, *v.* 4 (1951), p. 74—77, 220—222, 245—247; *v.* 5 (1952), p. 113—114, 133—135. — Brachmann, G., 1953. Die älteste Fischerei-Ordnung von Oberösterreich. Ibid., *v.* 6, p. 159 bis 161, 170—173. — Brachmann, G., 1957. Eine Tiroler-Fischerei-Ordnung aus dem Jahre 1505. Ibid., *v.* 10, p. 12—14. — Brandt, A., 1948. Hechtzucht. Allg. Fisch. Zeit., München, *v.* 73, p. 75. — Brandt, A., 1957. Aalfang in den Seen. Ibid., *v.* 82, p. 301—305. — Brandt, J. F., 1869. Einige Worte über die europäischen u. asiatischen Störarten. Mél. biol. St. Pétersbourg, *v.* 7, p. 110—116; Bull. Ac. St. Pétersb., *v.* 14, p. 171—176. — Brandt, J. F., u. Ratzeburg, J. T. C., 1829—33. Medizinische Zoologie. Berlin, *v.* 1—2. — Brandt, K., 1905. Über Dr. Petersens neue Beiträge zur Aalfrage und seine neue Methode, den Fangertrag an Wanderaalen erheblich zu steigern. Allg. Fisch. Zeit., München, *v.* 30, p. 405—407. — Brauer, A., 1910. Die Süßwasserfauna Deutschlands. Eine Excursionsfauna. H. 1, Pisces. Bearbeitet von Matschie, P., Reichenow, A., Tornier, G., u. Papenheim, P. Jena, Verlag G. Fischer. — Braun, M., 1890. Nestbau und Brutpflege des dreistacheligen Stichlings. Bl. Aquar. Terrar., Braunschweig, *v.* 12, p. 59—61. — Braun, M., 1891. Bitterling und Teichmuschel. Allg. Fisch. Zeit., München, *v.* 16, p. 270—271. — Braun, M., 1901. Die Zucht von Bitterlingen. Bl. Aquar. Terrar., Braunschweig, *v.* 12, p. 214. — Braun, I., 1954. Nimmt der Raubfisch, insbesondere der Hecht, in der Gefangenschaft Nahrung zu sich? Allg. Fisch. Zeit., München, *v.* 79, p. 90—91. — Brehms Tierleben, 1915. Allgemeine Kunde des Tierreiches. Vierte, vollständig neubearb. Aufl., herausgeg. v. Prof. Dr. O. zur Strassen, *v.* 3, Fische. Leipzig u. Wien. Bibliograph. Institut. — Breider, H., 1956. Über Goldfische. Aquar. Terrar. Z., Stuttgart, *v.* 9, p. 120—122. — Breitenstein, G., 1954. Wissenswertes über das Leben und Wandern des Aales. Allg. Fisch. Zeit., München, *v.* 79, p. 305—306. — Brennfleck, I., 1926. Die Fischerei in der römischen und griechischen Literatur. Arch. Fisch. Gesch., Berlin, *v.* 10, p. 5—8. — Brenning, O., 1949. Taschenbuch für den Handel mit Fischen und Fischwaren. Hamburg, Verlag H. A. Keune. — Bridge, T. W., and Boulenger, G. A., 1904. Fishes in Cambridge Natural History. London, Ed. Mac Millan and Co. — Brochetz, J., 1915. Der Silber- oder Schollenbarsch (Pomotis sparoides). Österr. Fisch. Zeit., Wien, *v.* 12, p. 78—80. — Brofeld, P., 1922. Über die Nahrung des Barsches und Kaulbarsches im Winter. Z. Fisch. Hilfsw., Berlin, *v.* 21, p. 124—127. — Brohmer, P., Ehrmann, P., u. Ulmer, G., 1927. Die Tierwelt Mitteleuropas, *v.* 7, p. I 1—I 50. Leipzig, Verlag Quelle u. Meyer. — Brohmer, P., 1944. Fauna von Deutschland. Ein Bestimmungsbuch unsrer heimischen Tierwelt. 5. verbesserte Aufl. Leipzig, Verlag Quelle u. Meyer. — Bronns Klassen und Ordnungen des Tierreichs, 1927—54, *v.* 6. Fische (Pisces), Abt. 1, Lief. 1—6; Abt. 2, Lief. 1—3. Leipzig, Akademische Verlagsges. — Brotherton, H., 1958. So fängt man Schleien. Übersetzt von Grünfeld, M. Hamburg-Berlin, Verlag P. Parey. — Brown, M., 1957. The physiology of fishes, *v.* 1 u. 2. New York, Academic Press. — Brtek, J., 1953. Prispevok k poznaniu rozširenia niektorých pre fauna ČSR nových alebo málo známych pontokaspických druhov živočichov v dunoji. Biologica, Bratislava, *v.* 8, p. 297—309. — Brühl, R., 1933. Über die Ursachen der Glasaalwanderungen. Allg. Fisch. Zeit., München, *v.* 58, p. 36—39. — Brühl, R., 1933. Neues über Wanderungen der Seeforelle. Ibid., *v.* 58, p. 118. — Brühl, L., 1933. Wie wirkt Lärm auf Fische? Ibid., *v.* 58, p. 201—202. — Brüning, C., 1905. Die Neunaugen. Wochenschr. Aquar. Terrar., Braunschweig, *v.* 2, p. 134—135. — Brüning, C., 1910. Ichthyologisches Handlexikon. Braunschweig, Verlag Wenzel u. Sohn. — Brüning, C., 1914. Aus der Familie der Schmerlen. Wochenschr. Aquar. Terrar., Braunschweig, *v.* 11, p. 739. — Brüning, C., 1915. Von der Pendulationstheorie und der Verbreitung der Süßwasserfische. Ibid., *v.* 12, p. 195—196, 206—207. — Brüning, C., 1915. Auswanderer und Grenzlinge. Ibid., *v.* 12, p. 333—334, 347—349, 358—359. — Brüning, C., 1916—17. Wozu der Fisch seine Flossen gebraucht. Ibid., *v.* 13 (1916), p. 141—143; *v.* 14 (1917), p. 153—155. — Brüning, C., 1916. Farbensinn bei Forellen. Ibid., *v.* 13, p. 149. — Brüning, C., 1916. Körperform und Lebensweise der Fische. Ibid., *v.* 13, p. 309—311, 318—320. — Brüning, C., 1916. Fäden und Anhängsel am Kleid der Fische. Ibid., *v.* 13, p. 347. — Brüning, C., 1917. Beobachtungen am Hecht im Zimmeraquarium. Ibid., *v.* 14, p. 7—8. — Brüning, C., 1917. Bitterling und Muschel. Ibid., *v.* 14, p. 181—182. — Brüning, C., 1917. Die Pflege und Zucht der Ellritze. Ibid., *v.* 14, p. 361 bis 364. — Brüning, C., 1918. Zur Naturgeschichte des Flußaals. Ibid., *v.* 15, p. 117. — Brüning, C., 1921. Sind Fische farbenblind? Ibid., *v.* 18, p. 56—57. — Brüning, C., 1926. Typus Hecht. Ibid., *v.* 23, p. 93—94. — Bruhin, Th. A., 1868. Die Wirbeltiere Vorarlbergs. Verh. Ges. Wien, *v.* 18, p. 223—262; Zool. Garten, Frankfurt a. M., *v.* 8, p. 434. — Brumann, M., 1925. Künstliche Befruchtung. Bl. Aquar. Terrar., Braunschweig, *v.* 36, p. 509—511. — Brune, H., 1952. Über die Beißlust der Fische. Allg. Fisch. Zeit., München, *v.* 77, p. 152—153. — Brune, H., 1953. Etwas über den Zander (Lucioperca sandra). Ibid., *v.* 78, p. 440—441. — Brune, H., 1955. Auf Aale. Ibid., *v.* 80, p. 302. — Brune H., 1955. Neunaugen. Ibid., *v.* 80, p. 378. — Brune, H., 1956. Auf Zander. Ibid., *v.* 81, p. 250. — Brune, H., 1957. Mit Maikäfern auf Döbel. Ibid., *v.* 82, p. 168—169. — Brune, H., 1957. Auf den Hecht.

Ibid., *v.* 82, p. 326. — Brune, H., 1957. Von der Regenbogenforelle (Salmo irideus). Ibid., *v.* 82, p. 369. — Brune, H., 1958. Stellt den Rutten nach. Allg. Fisch. Zeit., München, *v.* 83, p. 11—12. — Bruschek, E., 1950. Fischereibiologische Untersuchungen im Inn und in der Salzach. Österr. Fischerei, Wien, *v.* 3, p. 56—58. — Bruschek, E., 1953. Hemmung der Fischwanderung durch Staubecken. Fischmarkierungen im Stauraum des Kraftwerkes Obernberg. Ibid., *v.* 6, p. 33—35. — Bruschek, E., 1953. Sind Nasen während der Laichwanderung unvorsichtig? Ibid., *v.* 6, p. 37. — Bruschek, E., 1954. Die Fischwanderung im unverbauten Unterlauf des Inn. Ibid., *v.* 7, p. 129—132. — Bruschek, E., 1955. Hydrographisches und Fischereibiologisches vom Innstau. Ibid., *v.* 8, p. 69—73, 98—101. — Buchholz, F., 1939. Einiges vom Aal. Allg. Fisch. Zeit., München, *v.* 64, p. 306. — Buchholz, F., 1939. Beobachtungen über das Wachstum des Hechtes. Ibid., *v.* 64, p. 105—106. — Buchholz, F., 1952. Beobachtungen beim Aalfang. Ibid., *v.* 77, p. 345—346. — Buchholz, F., 1954. Ein Thema der Intelligenz. Wie reagieren unsere Fische auf Klopfgeräusche? Ibid., *v.* 79, p. 9—10. — Buchholz, F., 1956. Fischfeinde aus der niederen und höheren Tierwelt. Ibid., *v.* 81, p. 130 bis 131. — Buchner, L., 1879. Liebe und Liebesleben. Berlin, Verlag P. Parey. — Buddenbrock, W. v., 1952. Vergleichende Physiologie. *v.* 1—3. Basel-Stuttgart, Birkhauser-Verlag. — Bünde, L., 1889. Weiteres über die Regenbogenforelle. Allg. Fisch. Zeit., München, *v.* 14, p. 54—55. — Bürger, K., 1930. Merkblatt über die künstliche Erbrütung von Nasen und Barben. Ibid., *v.* 55, p. 11. — Burda, V., 1886. Über Karpfenzucht. Mt. Österr. Fisch. Ver., Wien, *v.* 6, p. 10—15. — Burda, V., 1935. Grundlagen der Karpfenzucht. 3. Aufl. Neudamm, Verlag J. Neumann. — Buresch, A., 1915. Studien am Seesaibling verschiedener Alpenseen. Z. Fisch. Hilfsw., Berlin, *v.* 23, p. 1—10. — Burkard, J. B., 1925. Zur Frage des Größenunterschiedes bei dem Geschlecht des Hechtes. Allg. Fisch. Zeit., München, *v.* 50, p. 62. — Burkard, H., 1949. Die Forelle und ihre Fütterung. Ibid., *v.* 74, p. 36—37. — Burnand, T., 1957. Die süße Qual des Fliegenfischens. Ein Trostbuch für künftige Meister. Zürich-Rüschlikon, Verlag A. Müller. — Busam, A., 1896. Meine 1895-er Schleierschwanzzucht. Bl. Aquar. Terrar., Magdeburg, *v.* 7, p. 15. — Buschkiel, A., 1905. Etwas vom Zander. Ibid., *v.* 16, p. 103—105. — Buschkiel, A., 1905. Kann man bei der Ellritze von einem Hochzeitskleid sprechen? Ibid., *v.* 16, p. 431—432. — Buschkiel, A., 1906. Der Zander. Wochenschr. Aquar. Terrar., Braunschweig, *v.* 3, p. 231—232, 245—246. — Buschkiel, A., 1906. Sumpfellritze. Ibid., *v.* 3, p. 445—446. — Buschkiel, A., 1908. Die Fortpflanzung von Leuciscus phoxinus L. Bl. Aquar. Terrar., Magdeburg, *v.* 19, p. 228. — Buschkiel, A., 1908. Die Atmung von Misgurnus, Cobitis und Nemachilus. Ibid., *v.* 19, p. 254—255. — Buschkiel, A., 1908. Zur Biologie der Groppe. Ibid., *v.* 19, p. 342—348. — Buschkiel, A., 1924. Salmonidenzucht. Allg. Fisch. Zeit., München, *v.* 49, p. 69—71. — Buschkiel, A., 1924. Der Einfluß von Licht, Wärme und Wasserbewegung auf das Wachstum und Wohlbefinden der Regenbogenforelle. Ibid., *v.* 49, p. 183—186. — Buschkiel, A., 1927. Welche Nutzanwendung kann die Salmonidenzucht aus den modernen Forschungsergebnissen der Tierzuchtlehre ziehen? Ibid., *v.* 52, p. 166—171. — Buschkiel, A., 1931. Salmonidenzucht in Mitteleuropa. In: Handbuch der Binnenfischerei Mitteleuropas von Demoll u. Maier, *v.* 4, p. 161—348. Verlag Schweizerbart. — Buschkiel, A., 1932. Studien über das Wachstum von Fischen in den Tropen. I. Karpfen in Indien. Int. Rev. Hydrobiol., *v.* 27, p. 427—466. — Buschkiel, A., 1932. Das Ergebnis einiger Versuche zur Feststellung des maximalen Wachstums bei Karpfen. Fisch. Zeit., Neudamm, *v.* 34, p. 1—10. — Buschkiel, A., 1933. Teichwirtschaftliche Erfahrungen mit Karpfen in den Tropen. Ibid., *v.* 35, p. 1—5. — Buschkiel, A., 1935. Laichzeit, Wachstumsgeschwindigkeit und Generationsfolge. Wochenschr. Aquar. Terrar., Braunschweig, *v.* 32, p. 660—661, 664—670. — Buschkiel, A., 1935. Künstliche Beeinflussung der Fortpflanzung von Fischen. Allg. Fisch. Zeit., München, *v.* 60, p. 314—315. — Buschkiel, A., 1938. Grenzen der Vererblichkeit von Karpfeneigenschaften. Z. Fisch. Neudamm, *v.* 36, p. 1—10. — Bušnita, Th., 1957. Ginogeneza la carasul argintiu (Carassius auratus gibelio). Commun. Ac. Rep. Pop. Romine, Bucuresti, *v.* 7, p. 81—87. — Bydekarken, H., 1904. Praktische Erfahrungen über Schleienzucht. Allg. Fisch. Zeit., München, *v.* 29, p. 117—118. — C. B. M. W. A., 1903. Vom Zwergwels. Ibid., *v.* 28, p. 122—123. — C. B. M. W. A., 1903. Die Lebensweise und die Zucht des Schwarzbarsches in Amerika. Ibid., *v.* 28, p. 179—182. — C. I. C., 1912. Besitzen die Fische ein Gedächtnis? Österr. Fisch. Zeit., Wien, *v.* 9, p. 347. — Callamand, O., 1943. L'anguille européenne (Anguilla anguilla L.). Les bases physiologiques de sa migration. Ann. Inst. océanogr., Paris, *v.* 21, p. 361—438. — Cambridge Natural History. 1904. Edited by Harmer, S. F., and Shipley, A. E. *v.* 7, Hemichordata, Ascidians, Amphioxus, Fishes. London, Macmillan and Co. Ltd. — Campbell, R. N., 1955. Food and feeding habits of brown trout, perch and other fish in Loch Tunnel. Scot. Nat. Edinburgh, *v.* 67, p. 23—28. — Cantoni, E., 1882. Sulla variabilita del Cobite fluviale. Rend. Ist. Lombardo, Milano, *v.* 15, p. 1—6. — Caraiman, I. G., 1957. Observations sur le rythme de croissance des petits de la carpe de culture de l'étang Tataraseni. Bull. Inst. Cercet. Pisc. Roman., Bucuresti, *v.* 16, p. 53—60. — Carlander, K. D.,

1950. Handbook of Freshwater Biology. Dubuque, Iowa. Ed. W. C. Brown. — Carus, C. G. 1861. Über die Leptocephaliden. Leipzig, Verlag W. Engelmann. — Cerny, A., 1931. Flußfische auf der Wanderschaft. Österr. Fisch. Zeit., Wien, v. 28, p. 1—3, 9—11. — Cerny, A., 1931. Ein Sommertag an den Fischwässern der Donau-Auen bei Wien. Ibid., v. 28, p. 113—115. — Cerny, A., 1932. Die hydrobiologische Donaustation in Wien. Allg. Fisch. Zeit., München, v. 57, p. 36—37. — Cerny, A., 1947. Fischleben im Neusiedler See. Umwelt, Wien-Wilhelminenberg, v. 6, p. 252. — Cerny, A., 1948. Die Bedeutung des Neusiedler Sees für die Fischereiwirtschaft. In: Die Zukunft des Neusiedler Sees. Wien, v. 1, p. 25—29. — Cerny, A., 1951. Die Fischereiwirtschaft in Österreich. Österr. Agrar-Verlag. — Chabanaud, P., 1944. Morphologie et localisation geographique (Zoologie). CR. Soc. Biogéogr., Paris, v. 21, p. 67—69. — Chapman, P., 1948. A study of fishes. New York, Duell, Sloane and Pearce Inc. — Chen, Shisan, C., 1927. Variation, Evolution und Vererbung beim Goldfisch. Bl. Aquar. Terrar., Stuttgart, v. 38, p. 401—404. — Chen, Shisan, S., 1955. Über Goldfische. Tokyo. — Christopher, H., 1907. Der Goldfisch und seine Zucht im Zimmeraquarium. Wochenschr. Aquar. Terrar., Braunschweig, v. 4, p. 101—102, 114—116. — Christopher, H., 1908. Neues vom Flußaal. Österr. Fisch. Zeit., Wien, v. 5, p. 355—357. — Christopher, H., 1914. Aale auf Hochzeitsreisen. Wochenschr. Aquar. Terrar., Braunschweig, v. 11, p. 671—673, 680—681. — Čihař, J., 1955. Systematical and biological notes on the pike (Esox lucius L.). Univ. Carolina Pragae, v. 1, p. 1—18. — Čihař, J., 1957. Příspěvek k poznání růstu karasa obecného (Carassius carassius m. humilis Heckel 1840). Ibid., v. 3, p. 215—228. — Čihař, J., 1957. Potravni biologie karasa obecného (Carassius carassius m. humilis Heckel 1840). Acta Soc. Zool. Bohemoslov., Praha, v. 21, p. 311—325. — Čihař, J., 1958. Potrava a růst perlina (Scardinius erythrophthalmus L.). Ibid., v. 22, p. 13—20. — Clark, E., 1950. Observations on the spawning habits of the northern pike (Esox lucius L.). Copeia, Ann Arbor, v. 48, p. 285—288. — ClausGrobben, 1932. Lehrbuch der Zoologie, begründet von C. Claus. Neubearbeitete 10. Aufl. von Grobben, K., und Kühn, E. Berlin-Wien, Springer Verlag. — Cligny, A., 1912. Migration marine de l'anguille commune. CR. Ac. Sci. Paris, v. 154, p. 1—3. — Clodi, D., 1908. Anleitung zur künstlichen Fischzucht und Teichwirtschaft. Berlin-Hamburg, Verlag P. Parey. — Clodi, E., 1911. Über Massenfänge von Renken im Traunsee. Österr. Fisch. Zeit., Wien, v. 8, p. 333—336. — Clodi, E., 1912. Renken und Renkenfang im Traunsee. Ibid., v. 9, p. 20 bis 24, 39—41. — Clodi, E., 1912. Seeforellen-, Saibling- und Hechtfang am Traunsee. Ibid., v. 9, p. 107—110. — Clodi, E., 1917. Die Pflege der Forelle im freien Gewässer. Ibid., v. 14, p. 5—6, 12—14. — Clodi, D., 1950. Die Pflege der Forelle im freien Gewässer. Österr. Fischerei, Wien, v. 3, p. 136—137, 157—158, 209, 232. — Coates, C. W., 1950. Old fishes do learn new tricks. Animal Kingdom, New York, v. 53, p. 25—26. — Coates, C. W., and Altz, J. W., 1954. Fishes of the world. In: Drimmer, The Animal Kingdom, Garden City, New York, Ed. Doubleday and Co., p. 1393—1640. — Coester, O., 1906. Vergleiche zwischen wilder Fischerei und Teichwirtschaft. Mt. Fisch. Ver. Brandenburg, Berlin, v. 1, p. 31—32. — Coester, O., 1907. Zur Einbürgerung der Regenbogenforelle. Allg. Fisch. Zeit., München, v. 32, p. 377—382. — Colb, C., 1904. Über die Vorzüge des fränkischen und des Aischgründer Karpfens, sowie über Karpfen-Vermittlungseinrichtungen in Bayern. Ibid., v. 29, p. 88—92. — Colb, C., 1910. Über die Ursachen der Mißerfolge bei der Überwinterung der Karpfen und über Überwinterungsanlagen. Ibid., v. 35, p. 346—353. — Colb, C., 1911. Über den Hecht, Hechtgewässer und über natürliche und künstliche Zucht des Hechtes. Ibid., v. 36, p. 55—60, 80—82. — Colbert, E. H., 1955. Evolution of the vertebrates. New York, Ed. John Wiley and Sons. — Collier, P., 1920. Die Technik der Altersbestimmung bei Fischen. Wochenschr. Aquar. Terrar., Braunschweig, v. 17, p. 384—385, 399—400, 414—415. — Conrad, K., 1954. Das Salzburger Fischbuch. Österr. Fischerei, Wien, v. 7, p. 81—83, 100—103. — Cooper, E. L., 1951. Validation of the use of scales of Brook Trout, Salvelinus fontinalis, for age determination. Copeia, Ann Arbor, v. 39, p. 141. — Corlin, H., 1918. Ein weiterer Beitrag zum Rückenschwimmen der Schleierfische. Wochenschr. Aquar. Terrar., Braunschweig, v. 15, p. 106. — Coste, M., 1853. La Pisciculture. Paris, Librairie Masson. — Costin, A. B., 1954. Observations on fish maturity and river pollution. Ecology, London, v. 35, p. 580. — Cronheim, W., 1907. Die Fischzucht. In: Bibliothek der gesammten Landwirtschaft, hrsg. von Steinbrück, K., v. 34. Hannover, Verlag M. Jänecke. — Cronheim, W., 1910. Beitrag zur Kenntnis der Nahrungsaufnahme der Karpfen. Z. Fisch. Hilfsw., Berlin-Charlottenburg, v. 15, p. 111—119. — Cronheim, W., 1911. Der gesamte Stoffwechsel der kaltblütigen Wirbeltiere, insbesondere der Fische. Ibid., v. 15, p. 319—370. — Cuvier, G., 1817. Le règne animal distribué d'après son organisation, pour servir de base à l'histoire naturelle des animaux et l'introduction à l'anatomie comparée. 4 vols., v. 2 (poissons). Paris, Ed. F. G. Levrault. — Cuvier, G., et Valenciennes, A., 1828—49. Histoire naturelle des poissons, v. 1—22. Paris, Ed. F. G. Levrault. — Czermak, M., 1909. Zählebigkeit von Perca fluviatilis und Eiablage ohne Männchen. Bl. Aquar. Terrar., Stuttgart, v. 20, p. 531. — D. v., 1893. Zur Regenbogenforelle. Allg. Fisch. Zeit., München, v. 18, p. 292

bis 293. — Dahl, K., 1914. Wie lange leben die niederen Süßwassertiere im Magen der Forellen ? Ibid., v. 39, p. 120—121. — Dalitzsch, M., 1902. Naturgeschichte der Kriechtiere, Lurche, Fische, Manteltiere, weichtierähnlichen Tiere und Weichtiere. Esslingen, Verlag J. F. Schreiber. — Dalla-Torre, K. W., 1879. Die Wirbeltierfauna von Tirol und Vorarlberg. Innsbruck, Wagnersche Universitäts-Buchdruckerei. — Danner, H., 1881. Wo, wann und wie laicht Coregonus Wartmanni ? Mt. Österr. Fisch. Ver., Wien, v. 1, p. 9—12. — Danner, H., 1885. Die „Finnerln" des Attersees. Ibid., v. 5, p. 90—92. — Danner, H., 1886. Die Coregonen der oberösterreichischen Seen. Ibid., v. 6, p. 113—125. — Danner, H., 1891. Höhlenforellen. Ibid., v. 12, p. 9—13. — Danner, H., 1895. Über Fische im warmen Wasser. Bl. Aquar. Terrar., Magdeburg, v. 6, p. 126—127. — Danner, H., und Milborn, V. M., 1893. Der jüngste Entwurf eines Landes-Fischereigesetzes für das Erzherzogthum Österreich ober der Enns. Gmunden, Verlag Habacher. — Danois, Ed., 1949. Vie et Moeurs des Poissons. Paris, Ed. Payot. — David, L. R., 1957. Fishes (other than Agnatha). In: Treatise on marine ecology and palaeoecology. Mém. Geol. Soc. America, New York, v. 67, p. 999—1010. — Davis, R. E., 1955. Heat transfer in the goldfish, Carassius auratus. Copeia, Ann Arbor, v. 43, p. 207—209. — Dean, B., 1893. Über die Fortpflanzung des Störes. Allg. Fisch. Zeit., München, v. 18, p. 388 bis 390. — Dean, B., 1917. Bibliography of Fishes. New York, Ed. Museum of Natural History. — Debschitz, H., 1898. Zur Förderung der Karpfenzucht. Allg. Fisch. Zeit., München, v. 23, p. 52—53. — Debschitz, H., 1907. Die Bewirtschaftung der für Karpfen geeigneten Seen. Mt. Fisch. Ver. Brandenburg, Berlin, v. 1, p. 13—18. — Debschitz, H., 1907. Wie soll Karpfenrassenzucht betrieben werden ? Welche Körperform ist anzustreben ? Ibid., v. 1, p. 64—66. — Deml, J., 1911. Auszüge aus einem Fischereibuche des Salzburger Domkapitels. Festgabe Fisch. Ver. Brandenburg. Neudamm, Verlag J. Neumann. — Demoll, R., 1919. Bitte um ein Gutachten zu einem Projekt zur Ermöglichung von Fang-Vorhersagen in der Felchenfischerei. Schweiz. Fisch. Zeit., Zürich, v. 28, p. 185—189. — Demoll, R., 1921. Zur Frage der Blaufelchenzucht am Bodensee. Allg. Fisch. Zeit., München, v. 46, p. 90—92. — Demoll, R., 1921. Neue Wege der Karpfenzucht. Ibid., v. 46, p. 218—219. — Demoll, R., 1933. Was bedeutet „Greifbarkeit der Nahrung" für die Karpfenzucht ? Ibid., v. 55, p. 1—4. — Demoll, R., 1949. Muß im Donaugebiet grundsätzlich der Bau von Fischpassen gefordert werden ? Ibid., v. 74, p. 297—299. — Demoll, H., 1950. Die Biologie in der Wasserwirtschaft. Ibid., v. 75, p. 10—12, 39—42. — Demoll, R., 1957. Früchte des Meeres. In: Sammlung der Verständlichen Wissenschaft, v. 64. Berlin, Springer-Verlag. — Demoll, R., u. Gaschott, R., 1929. Untersuchungen über den Stoffwechsel von Süßwasserfischen. Int. Rev. Hydrob., Leipzig, v. 26, p. 281—292. — Demoll, R., u. Maier, H. N., 1924—59. Handbuch der Binnenfischerei Mitteleuropas, v. 1—6. Stuttgart, Verlag E. Schweizerbart. — Demoll, R., u. Steinmann, P., 1949. Praxis der Aufzucht von Forellenbesatzmaterial. Stuttgart-Aarau, Verlag Schweizerbart, E., u. Sauerländer, H. — Denzer, H. W., 1948. Untersuchungen über die Körpertemperatur der Regenbogenforelle. Arch. Fisch. Braunschweig, v. 1, p. 101—112; Aquar. Terrar. Z., Stuttgart, v. 2, p. 65. — Derscha, W., 1893. Flußfische und Flußfischerei. Allg. Fisch. Zeit., München, v. 18, p. 241—243. — Derschau, H., 1899. Zur Regenbogenforelle. Ibid., v. 24, p. 279—281. — Dewit, J. J. D., 1955. Some observations on the european bitterling (Rhodeus amarus L.). S. Afr. J. Sci., Cape Town, v. 51, p. 249—251. — Diekert, W., 1933. Stichlinge. Wochenschr. Aquar. Terrar., Braunschweig, v. 30, p. 234—235. — Diem, H., 1950—51. Aus der Geschichte der Tiroler Fischzucht. Österr. Fischerei, Wien, v. 3 (1950), p. 150 bis 151; v. 4 (1951), p. 8—10, 121—123. — Diemer, E., 1953. Der Barsch im Bodensee. Allg. Fisch. Zeit., München, v. 78, p. 166. — Dießner, B., 1902. Die künstliche Zucht der Bachforelle. Leipzig-Reudnitz, Verlag Max Hoffmann. — Dießner, B., u. Arens, P. J., 1926. Die künstliche Zucht der Forelle. Neudamm, Verlag J. Neumann. — Döderlein, L., u. Jacob, W., 1953. Bestimmungsbuch für deutsche Land- und Süßwassertiere, v. 2, Wirbeltiere. 2. erweiterte Aufl. München, Verlag R. Oldenbourg. — Dölger, F., 1922. Der Heilige Fisch in den antiken Religionen und im Christentum. Münster, Selbstverlag. — Doljan, E., 1908. Fischereiwirtschaftslehre. Wien, Verlag W. Frick. — Doljan, E., 1915. Vorschläge zur Hebung der österreichischen Alpenseen-Fischereien. Österr. Fisch. Zeit., Wien, v. 12, p. 152—154, 163—164, 172—174, 179—181, 192—195. — Doljan, E., 1917. Der Krieg und die Alpenseefischerei. Ibid., v. 14, p. 28—29, 36—37, 43—45. — Doljan, E., 1920. Die Seeforelle (Trutta lacustris) und ihre wirtschaftliche Bedeutung. Ibid., v. 17, p. 2—4, 10—11. — Doljan, E., 1920. Flußbewirtschaftung und Förderung der Salzach-Fischerei. Ibid., v. 17, p. 42, 50—51, 59—60. — Doljan, E., 1920. Der Seesaibling (Salmo salvelinus) und seine wirtschaftliche Bedeutung. Ibid., v. 17, p. 86—89, 94—95, 102—104. — Doljan, E., u. Haempel, O., 1921. Handbuch der modernen Fischereibetriebslehre. Wien u. Leipzig, Verlag W. Frick. — Dompierre, P., 1885. Zur Fliegenfischerei auf Äschen in Gebirgsflüssen. Allg. Fisch. Zeit., München, v. 10, p. 184—189. — Doose, W., 1912. Der Fang der Rutte. Österr. Fisch. Zeit., Wien, v. 9, p. 45. — Doose, W., 1912. Der Fang des Barsches. Ibid., v. 9, p. 66. — Doose, W., 1912. Treibaale.

Ibid., *v.* 9, p. 457—458. — D o o s e, W., 1917. Offensiv- und Defensivwaffen einiger Süßwasserfische Deutschlands. Ibid., *v.* 15, p. 159. — D o o s e, W., 1927. Fischwaid in deutschen Binnengewässern. Neudamm, Verlag J. Neumann. — D o o s e, W., 1931. Die Anflugnahrung, auch für unsere karpfenähnlichen Fische „das tägliche Brot". Allg. Fisch. Zeit., München, *v.* 56, p. 208. — D o p f, K., 1932. Über die Intelligenz der Fische. Schweiz. Fisch. Zeit., Zürich, *v.* 41, p. 405—408; Österr. Fisch. Zeit., Wien, *v.* 35, p. 151—153. — D o p f, K., 1939. Fische im Volksglauben der Jahrtausende. Österr. Fisch. Zeit., Wien, *v.* 36, p. 46—48. — D o r f n e r, G., 1947. Der Hecht im Karpfenteiche. Allg. Fisch. Zeit., München, *v.* 71, p. 105—110. — D o r f n e r, G., 1951. Der Aal in den Bayerischen Gewässern und andere Fragen der Bewirtschaftung von Fließgewässern. Ibid., *v.* 76, p. 414—416. — D o t t r e n s, E., 1952. Les poissons d'eau douce. Genève, *v.* 1 u. 2. — D o t t r e n s, E., 1955. Acclimatisation et hybridation des Coregones. Rev. suisse Zool., Genève, *v.* 62, p. 101—118. — D r a f e h n, W. 1952. Ein- oder zweisömmrige Karpfen. Allg. Fisch. Zeit., München, *v.* 77, p. 343. — D r e c h s l e r, G., 1886. Ein in Bayern gefangener Sterlet (Acipenser ruthenus L.). Ibid., *v.* 11, p. 278—279. — D r e i s e r, J., 1924. Der Hundsfisch als Aquarienfisch. Bl. Aquar. Terrar., Stuttgart, *v.* 35, p. 204—205. — D r e n s k i, P., 1929. Über die Verbreitung der Familie Cobitidae (Pisces), besonders im Hinblick auf die Balkanhalbinsel. SB. Ges. Fr. Berlin, *v.* 70, p. 229—232. — D r o b n y, K., 1905. Der Forellenbarsch und seine Zucht in Teichen. Österr. Fisch. Zeit., Wien, *v.* 2, p. 331—332. — D r ö s c h e r, W., 1892. Zur Süßwasserfauna im Februar. Allg. Fisch. Zeit., München, *v.* 17, p. 89—93. — D r ö s c h e r, W., 1897. Beitrag zur Kenntnis der Nahrung unserer Fische. Ibid., *v.* 22, p. 361 bis 366, 383—386. — D r ö s c h e r, W., 1908. Die Nahrung unserer wirtschaftlich wichtigsten Wildfische. Neudamm, Verlag J. Neumann. — D r o h n, P., 1905. Der Schwarzbarsch. Österr. Fisch. Zeit., Wien, *v.* 2, p. 88. — D r o u i n   d e   B o u v i l l e, R., 1914. Die Bedeutung der Rasse bei der Forellenzucht. Schweiz. Fisch. Zeit., München, *v.* 22, p. 277—279, 335—336. — D r o u i n   d e   B o u v i l l e, R., 1931. Le format des carpes. Verh. Int. Limnol., Stuttgart, *v.* 5, p. 319—324. — D u d e k, J., 1957. Beitrag zur Bestimmung des Lichteinflusses auf die Intensität der Nahrungsaufnahme beim Güster (Blicca björkna L.). Biologia, Bratislava, *v.* 12, p. 374—376. — D u d i c h, E., 1950. Zur Bionomie der Körpergestalt der Fische. Ann. Biol. Univ. Budapest, *v.* 1, p. 95 bis 115. — D ü n n e b i e r, F., 1926. Vom Schleierfisch. Bl. Aquar. Terrar., Stuttgart, *v.* 37, p. 341—345. — D ü n n e b i e r, F., 1927. Die Empfindlichkeit des Schleierfisches. Ibid., *v.* 38, p. 133—136. — D ü r i g e n, B., 1891. Fisch und Muschel (Schmarotzertum und Wechselbeziehungen). Ibid., *v.* 2, p. 48—50, 55—58. — D ü r i g e n, B., 1895. Nestbau der Sonnenfische. Ibid., *v.* 6, p. 282. — D ü r r, W., 1957. Untersuchungen über die verschiedene Gestalt der Schuppen beim Karpfen. Z. Fisch. Hamburg, *v.* 5, p. 325—421. — D u y v e n é   d e   W i t, J. J., 1955. Some results of investigation into European bitterling, Rhodeus amarus Bl. Jap. J. Ichthyol., Tokyo, *v.* 4, p. 94—104. — D w o r a k, S., 1948. Lohnt sich die Bewirtschaftung unserer Binnenseen mit der kleinen Maräne. Allg. Fisch. Zeit., München, *v.* 73, p. 114—115. — D y b o w s k i, B., 1862. Versuch einer Monographie der Cyprinoiden Livlands, nebst einer synoptischen Aufzählung der europäischen Arten dieser Familie. Arch. Naturk. Biol., Dorpat, *v.* 6, p. 133—362. — E. A., 1918. Zur Geschichte des Karpfen. Österr. Fisch. Zeit., Wien, *v.* 15, p. 151. — E. K. K., 1950. Kamp-Erinnerungen. Österr. Fischerei, Wien, *v.* 3, p. 256. — E. M., 1958. Fischweibchen, die Scheinehen schließen. Universum, Wien, *v.* 13, p. 217. — E b e r t s, K., 1913. Ein interessantes Werk über die Fischerei aus dem Jahre 1746. Allg. Fisch. Zeit., München, *v.* 38, p. 118—120. — E b e r t s, K., 1914. Maßnahmen zur Hebung der Störfischerei. Ibid., *v.* 39, p. 511—514. — E c k a r d t, G., 1895. Vermischte Mitteilungen über den Sterlet. Ibid., *v.* 20, p. 84. — E c k s t e i n, K., 1909. Wegweiser für Fischer und Teichwirte. Eberswalde, Verlag W. Kanke. — E d e l m a n n, R., 1951. Die Goldellritze, eine neue Farbvarietät bei Fischen? Aquar. Terrar. Z., Stuttgart, *v.* 4, p. 291—292. — E d e r, H., 1932. Die Äsche. Allg. Fisch. Zeit., München, *v.* 57, p. 143—144. — E d e r, H., 1935. Einiges über die Barbe. Ibid., *v.* 60, p. 73—77. — E d e r, H., 1935. Aitelfang. Ibid., *v.* 60, p. 146—150. — E d e r, H., 1935. Der Fang mit dem Spinnköder und mit dem lebenden Fischchen. Ibid., *v.* 60, p. 349—350. — E d e r, H., 1947. Der Hechtbarsch oder Zander und sein Fang durch den Sportangler. Ibid., *v.* 72, p. 2—4. — E d e r, H., 1947. Fischweid auf Forellen. Ibid., *v.* 72, p. 24—29. — E d e r, H., 1947. Die Rutte. Ibid., *v.* 72, p. 75—76. — E d e r, H., 1947. Bewertung und Erbeutung des Hechtes. Ibid., *v.* 72, p. 102—104. — E d e r, H., 1947. Brachse, Schleihe und Saibling als Angelfische. Ibid., *v.* 72, p. 135—136, 270—273, 296—298. — E d e r, H., 1947. Der Schied oder Rapfen. Ibid., *v.* 72, p. 200—202. — E d e r, H., 1948. Die Bachforelle und ihr Fang mit der Angel. Ibid., *v.* 73, p. 96—98. — E g e, V. L., 1939. A revision of the genus Anguilla. A systematic, phylogenetic and geographical study. Dana Report, Kopenhagen, *v.* 16, p. 1—256. — E d i n g e r, L., 1897—99. Über das Gedächtnis der Fische. Allg. Fisch. Zeit., München, *v.* 22 (1897), p. 27, 86; *v.* 24 (1899), p. 378—383; Mt. Österr. Fisch. Ver., Wien, *v.* 19 (1899), p. 167 bis 173. — E h l e r s, R., 1951. Der dreistachelige Stichling im Seewasserbecken. Aquar. Terrar. Z., Stuttgart, *v.* 4, p. 209—210. — E h r e n b a u m, E., 1913. Untersuchungen über den Aal.

Allg. Fisch. Zeit., München, *v.* 38, p. 418—422. — Ehrenbaum, E., 1914. Die Aalfrage.
Ibid., *v.* 39, p. 170—173. — Ehrenbaum, E., 1926. Über Regenbogenforellen und Steelhead-
Forellen. Ibid., *v.* 51, p. 288—292. — Ehrenbaum, E., 1926. Über neuere Aaluntersuchungen.
Ibid., *v.* 51, p. 303—306. — Ehrenbaum, E., 1930. Der Flußaal. In: Handb. Binnenfischerei
Mitteleuropas v. Demoll u. Maier, *v.* 3, p. 159—217. Stuttgart, Verlag E. Schweizerbart. —
Ehrenbaum, R., 1931. Über mangelnde Kenntnis der Jugendform unserer Süßwasserfische.
Allg. Fisch. Zeit., München, *v.* 56, p. 385—386. — Einsele, W., 1941. Fischereiwissenschaft-
liche Probleme in deutschen Alpenseen. Ibid., *v.* 66, p. 1—50. — Einsele, W., 1948. Der
Hecht in der Gewässerbewirtschaftung. Österr. Fischerei, Wien, *v.* 1, p. 38—45. — Einsele, W.,
1949. Fischereibiologie der Reinanken der österreichischen Seen. Ibid., *v.* 2, p. 32—35. —
Einsele, W., 1949. Plankton-Produktion, Fischernten und Setzlingsaufzucht am Mondsee.
Ibid., *v.* 2, p. 46—50. — Einsele, W., 1950. Die Lauge — fischereiwirtschaftlich gesehen.
Ibid., *v.* 3, p. 49—52. — Einsele, W., 1953. Zur Ernährungsbiologie der Rutte. Ibid., *v.* 6,
p. 37. — Einsele, W., 1954. Beobachtungen an Forelleneiern, -brut und -setzlingen. Ibid.
v. 7, p. 69. — Einsele, W., 1955. Einige Beobachtungen während der Laichzeit der Reinanken
(Renken) in österreichischen Seen. Ibid., *v.* 8, p. 31—32. — Einsele, W., 1955. Beobachtungen während der Laichzeit der Näslinge. Ibid., *v.* 8, p. 52. — Einsele, W., 1955. Zur Frage
des Springens der Forellen. Ibid., *v.* 8, p. 52—53. — Einsele, W., 1955. Einige Beobachtungen
zur Seelen- und Lebenskunde des Hechtes. Ibid., *v.* 8, p. 76—77. — Einsele, W., 1956. Über
das Endalter unserer Süßwasserfische. Ibid., *v.* 9, p. 25—31. — Einsele, W., 1957. Über die
Seele der Fische. Ibid., *v.* 10, p. 40. — Einsele, W., 1957. Flußbiologie, Kraftwerke und Fischerei. Schr. Österr. Fischereiverband, Wien, *v.* 1, p. 1—60. — Elser, E., 1910. Kennt der Fisch
sein Wohngewässer? Allg. Fisch. Zeit., München, *v.* 35, p. 451—453. — Elster, H. J., 1928.
Der Flußaal. Wochenschr. Aquar. Terrar., Braunschweig, *v.* 25, p. 619—621. — Elster, H. J.,
1933. Der schlechte Blaufelchenfang im Bodensee. Schweiz. Fisch. Zeit., Zürich, *v.* 41, p. 188
bis 190. — Elster, H. J., 1934. Über die Ursachen von guten und schlechten Fangjahren in
der Blaufelchenfischerei. Ibid., *v.* 42, p. 3—13. — Elster, H. J., 1934. Untersuchungen im
Blaufelchenjahr 1933. Schweiz. Fisch. Zeit., Zürich, *v.* 42, p. 109—113, 133—137. — Elster,
H. J., 1935. Weitere Beiträge zur Biologie des Blaufelchen. Ibid., *v.* 43, p. 127—132, 149—154. —
Elster, H. J., 1935. Beiträge zur Fischereibiologie des Blaufelchen (Coregonus wartmanni
Bloch). Allg. Fisch. Zeit., München, *v.* 60, p. 115—119, 132—136. — Elster, H. J., 1935.
Die künstliche Erbrütung bei großen Seen, vorläufige Ergebnisse und Anregungen. Verh. Int. Ver.
Limnol., Belgrad, *v.* 7, p. 361—370. — Elster, H. J., 1938. Über die Bewirtschaftung des
Bodensees. Int. Rev. Hydrob. Hydrogr. Leipzig, *v.* 37, p. 529—568. — Elster, H. J., 1938.
Vorstreckteiche für Jungfelchen. Schweiz. Fisch. Zeit., Zürich, *v.* 46, p. 30—34. — Elster,
H. J., 1940. Einige Betrachtungen zur Fischereistatistik des Bodensees. Allg. Fisch. Zeit.,
München, *v.* 65, p. 165—167, 173—175, 180—183. — Elster, H. J., 1941. Blaufelchenunter-
suchungen in den Jahren 1940 und 1941. Ibid., *v.* 66, p. 186—188, 199—201. — Elster, H. J.,
1944. Über das Verhältnis von Produktion, Bestand, Befischung und Ertrag, sowie über die
Möglichkeit einer Steigerung der Erträge, untersucht am Beispiel der Blaufelchen-Fischerei des
Bodensees. Z. Fisch. Hilfsw., Berlin, *v.* 42, p. 1—5. — Elster, H. J., 1948. Untersuchungen
über die Bodenseeblaufelchenfischerei im Jahre 1943 und über die Auswirkung der kriegs-
bedingten Fangeinschränkung. Arch. Fischwiss., Berlin, *v.* 1, p. 1—3. — Elster, H. J.,
1950. Probleme der Felchenaufzucht im Bodensee. Allg. Fisch. Zeit., München, *v.* 75, p. 58
bis 60. — Elster, H. J., 1950. Über die Abhängigkeit der Felchenfangplätze von der Verteilung des Plankton. Ibid., *v.* 75, p. 373—374, 395—397, 416. — Elster, H. J., 1955. Fischerei-
statistik und Fischereiwissenschaft. Ibid., *v.* 80, p. 28. — Elster, H. J., 1955. Standorttreue
Meerforellen im Süßwasser. Ibid., *v.* 80, p. 439—441. — Entz, G., 1951. Erfolge der Fischzucht
im Neusiedler See. In: Freies Burgenland, Eisenstadt, *v.* 7, p. 6. — Ewald, W., 1906. Zum
Kapitel „Landwanderung der Aale". Bl. Aquar. Terrar., Magdeburg, *v.* 17, p. 190. — F. C.,
1888. Ist die Zucht der Regenbogenforelle in der Region der Bachforelle zu empfehlen? Allg.
Fisch. Zeit., München, *v.* 13, p. 257—258. — F., 1905. Die wirtschaftliche Bedeutung des
Huchens in der Donau vom Standpunkt des Sportfischers aus. Österr. Fisch. Zeit., Wien, *v.* 2,
p. 289—292. — F., 1912. Aus dem Fischerleben und der Fischerei der unteren Donau. Allg.
Fisch. Zeit., München, *v.* 37, p. 405—406. — F., 1912. Über die Fortpflanzung des Aals und seine
Laichgebiete. Ibid., *v.* 37, p. 453—454. — F. K., 1927. Können Fische hören? Wochenschr.
Aquar. Terrar., Braunschweig, *v.* 24, p. 249—250. — Fabian, G., 1948. Die Fischerei im Neu-
siedler See. Freies Burgenland, Eisenstadt, *v.* 4, p. 4. — Fabricius, E., 1954. Aquarium
observations on the spawning behaviour of the burbot, Lota vulgaris L. Rep. Inst. Freshwater
Res., Drottningholm, *v.* 35, p. 51—57. — Fabricius, E., 1956. The spawning behaviour of
Perca fluviatilis. Zool. Rev., Stockholm, *v.* 18, p. 48—55. — Fabricius, E., and Gustavson,
K., 1954—55. Observations on the spawning behaviours of Salmo alpinus and Thymallus thymallus. Rep. Inst. Freshwater Res., Drottningholm, *v.* 35, p. 58—104. — Falkenhorst, C.,

1906. Die Forelle. Österr. Fisch. Zeit., Wien, v. 3, p. 429—431. — Fatio, V., 1904. Vererbung und Anpassung bei unseren Fischen. Schweiz. Fisch. Zeit., Zürich, v. 13, p. 238—243. — Feddersen, A., 1902. Hechtzucht. Allg. Fisch. Zeit., München, v. 27, p. 105—106. — Feldmann, R., 1910. Etwas vom Hecht. Österr. Fisch. Zeit., Wien, v. 7, p. 253—254. — Fetzer, Ch., 1918. Wann ist die günstigste Zeit, junge Fische in Flüssen auszusetzen. Allg. Fisch. Zeit., München, v. 43, p. 8—10. — Fickert, K., 1892. Der wirtschaftliche Wert unserer Süßwasserfische. Ibid., v. 17, p. 101—102, 119—120, 160—162. — Fiebiger, F., 1917. Über die Degeneration der Zuchtsalmoniden. Österr. Fisch. Zeit., Wien, v. 14, p. 2—3. — Fiebiger, F., 1918—19. Über den Körperbau des Karpfen. Ibid., v. 15 (1918), p. 17—20, 26—27, 34—36, 49—50, 77—79, 110—111, 118—119, 125—126, 134—135, 177—178, 190—191; v. 16 (1919), p. 2—4, 21—25, 53—55. — Filded, I., 1906. Einiges vom Donausterlett. Allg. Fisch. Zeit., München, v. 21, p. 14. — Filippi, F., 1844. Cenni sui pesci d'acqua dolce della Lombardia. Not. Nat. Civ. Lombardia, Milano, v. 1, p. 389; Nuov. Ann. Sci. Nat., Bologna, s. 2, v. 3, p. 81 bis 103. — Filippi, F., 1862. Nuove e poco note specie di animali vertebrati raccolte in un Viaggio in Persia nell' estate dell' anno 1862. Arch. Zool. Anat. Fisiol. Genova, v. 2, p. 377—394. — Finck, E., 1927. Wann und wo springen die Fische? Wochenschr. Aquar. Terrar., Braunschweig, v. 24, p. 233. — Findenegg, I., 1933. Zur Naturgeschichte des Wörthersees. Carinthia II, Klagenfurt, Sonderheft 2, p. 1—62. — Findenegg, I., 1933. Alpenseen ohne Vollzirkulation. Int. Rev. Hydrob., Leipzig, v. 28, p. 295—311. — Findenegg, I., 1934. Beiträge zur Kenntnis des Ossiacher Sees. Carinthia II, Klagenfurt, v. 123/124, p. 61—78. — Findenegg, I., 1936. Der Weissensee in Kärnten. Ibid., Sonderheft 4, p. 1—46. — Findenegg, I., 1937. Zur Fischereibiologie der Kärntnerseen. Österr. Fisch. Zeit., Wien, v. 34, p. 109—112. — Findenegg, I., 1948. Zur Kärntner See-Fischerei. Österr. Fischerei, Wien, v. 1, p. 106—109. — Findenegg, I., 1953. Kärntner Seen naturkundlich betrachtet. Carinthia II, Klagenfurt, Sonderheft 15, p. 1—101. — Findenegg, I., 1955. Die Rheinananken des Wörthersees. Ibid., v. 145, p. 155—159. — Findenegg, I., 1959. Die Gewässer Österreichs. Ein limnologischer Überblick. Klagenfurt. — Fischer, H., 1948. Der Wehrhecht. Österr. Fischerei, Wien, v. 1, p. 117—120. — Fischer, H., 1948. Winterspinnangelei auf Huchen. Ibid., v. 1, p. 196 bis 200. — Fischer, H., 1948. Der Weg der Silberfelchen. Ibid., v. 1, p. 222—224. — Fischer, H., 1949. Flugangelei auf Forelle und Äsche. Ibid., v. 2, p. 59—60, 82—85. — Fischer, H., 1949. Der Hecht. Ibid., v. 2, p. 230—231, 250—252. — Fischer, H., 1952. Die Störe. Ibid., v. 5, p. 251—252. — Fischer, H., 1953. Welse. Ibid., v. 6, p. 73—75. — Fischer, H., 1955. Der Schied. Ibid., v. 8, p. 36. — Fischer, H., 1955. Rutte, Nerfling und Aland. Ibid., v. 8, p. 60—62. — Fischer, J. E., 1956. Nerfling oder Aland. Allg. Fisch. Zeit., München, v. 81, p. 47. — Fischer, J. E., 1958. Zum Fragenkomplex: Regenbogenforelle. Ibid., v. 83, p. 232 bis 233. — Fitzinger, L. J. F. J., 1832. Über die Ausarbeitung einer Fauna des Erzherzogthums Oesterreich, nebst einer systematischen Aufzählung der in diesem Lande vorkommenden Säugethiere, Reptilien und Fische. Beitr. Landesk. Oesterr., Wien, v. 1, p. 280. — Fitzinger, L. J. F. J., 1873. Die Gattungen der europäischen Cyprininen nach ihren äußeren Merkmalen. SB. Ak. Wien, math.-naturw. Cl., v. 68 I, p. 145—170. — Fitzinger, L. J. F. J., 1875. Bericht über die an den oberösterreichischen Seen und in den dortigen Anstalten für künstliche Fischzucht gewonnenen Erfahrung bezüglich der Bastardformen der Salmonen. Ibid., v. 70 I, p. 394 bis 400. — Fitzinger, L. J. F. J., 1876. Bericht über die an den Seen des Salzkammerguts und Berchtesgadens gepflogenen Nachforschungen über die Natur des Silberlachses (Salmo schiffermülleri Bloch). Ibid., v. 72 I, p. 236—240. — Fitzinger, L. J. F. J., 1878. Bericht über die gepflogenen Erhebungen bezüglich der in den beiden Seen Niederoesterreichs, dem Erlaph- und dem Lunzer-See vorkommenden Fischarten. Ibid., v. 78 I, p. 596—602. — Fleischmann, P., 1895. Die Fische und der Alkohol. Bl. Aquar. Terrar., Magdeburg, v. 6, p. 223—225. — Flurl, H., 1908. Beobachtungen bei der Zucht der dreistachligen Stichlinge. Ibid., v. 19, p. 560. — Föll, J., 1898. Über Schäden für die Fischerei im Bodensee. Allg. Fisch. Zeit., München, v. 23, p. 118—119. — Försch, W., 1956. Beobachtungen beim Verhalten und der Entwicklung bodenlaichender Fische. Z. Vivaristik, Stuttgart, v. 2, p. 8—12, 39—45, 113—117, 177—184. — Förtsch, G., 1908. Räubereien des Döbels. Bl. Aquar. Terrar., Magdeburg, v. 19, p. 333. — Fränkel, F., 1909. Meine Forellen und Saiblinge. Wochenschr. Aquar. Terrar., Braunschweig, v. 6, p. 83—84. — Fränkel, F., 1913. Haltung und Zucht der Groppe. Bl. Aquar. Terrar., Stuttgart, v. 24, p. 401—403. — Francis, F., 1912. Die Forelle. Österr. Fisch. Zeit., Wien. v. 9, p. 26—27, 45—48, 63—66, 80—82. — Frank, A., 1890. Die Steinschmerle (Cobitis taenia), Bl. Aquar. Terrar., Magdeburg, v. 1, p. 122—123. — Frank, A., 1891. Der Goldfisch. Ibid., v. 2, p. 53—55. — Frank, S., 1955. A contribution to the biology of Ameiurus nebulosus. Mém. Soc. Zool. Čsl., Praha, v. 19, p. 62—81. — Frank, S., 1958. Potrava a růst perlina Scardinius erythrophthalmus. Věstník Čsl. Zool. Společnosti, Praha, v. 22, p. 13—30. — Frank, S., 1958. Stáří a rychlost růstu cejnka malého (Blicca björkna L.) v Čechach. Ibid., v. 22, p. 238—260. — Franke, J., 1905. Bachsaibling und Bachforelle im freien Wasser.

Österr. Fisch. Zeit., Wien, *v.* 2, p. 497—500, 524—546. — Franz, V., 1911. Versuche zur Biologie der Fischlarven. Int. Rev. Hydrob., Leipzig, *v.* 2, p. 557—579; Österr. Fisch. Zeit., Wien, *v.* 7, p. 170. — Franz, V., 1911. Ortssinn und Ortsgedächtnis bei Fischen. Int. Rev. Hydrob., Leipzig, *v.* 3, p. 46—47; Allg. Fisch. Zeit., München, *v.* 36, p. 217—219. — Franz, V., 1911. Kennt der Fisch sein Wohngewässer ? Österr. Fisch. Zeit., Wien, *v.* 7, p. 252—253. — Franz, V., 1912. Die Entstehung der Goldfischvarietäten. Allg. Fisch. Zeit., München, *v.* 37, p. 569—570. — Franz, V., 1913. Die Erblichkeit der Teleskopfische. Ibid., *v.* 38, p. 150—151. — Franz, V., 1913. Über Ortsgedächtnis bei Fischen und seine Bedeutung für die Fischwanderungen. Arch. Hydrob. Planktonk., *v.* 7, p. 327—330. — Franz, V., 1914. Über das Sehen unter Wasser. Allg. Fisch. Zeit., München, *v.* 39, p. 144—146. — Franz, V., 1916. Eine merkwürdige Äußerung von Ortsgedächtnis bei Fischen. Ibid., *v.* 41, p. 115—116. — Franz, V., 1916. Zur psychologischen Beurteilung der Fische. Bl. Aquar. Terrar., Stuttgart, *v.* 29, p. 31—32. — Frauenfeld, G., 1871. Die Wirbeltierfauna Niederösterreichs. Bl. Verein Landeskunde Niederösterr., Wien, *v.* 5, p. 108—123. — Freudlsperger, H., 1916. Zwei Fischzüge im Faistenauer See. Österr. Fisch. Zeit., Wien, *v.* 13, p. 132—134. — Freudlsperger, H., 1917. Fischereiverhältnisse auf dem Zellersee im Pinzgau 1799. Ibid., *v.* 14, p. 10—12, 21—22, 26—27, 34—35, 70—72, 87—88, 104—105, 110—111. — Freudlsperger, H., 1918. Die Fischordnung auf der Traisen. Ibid., *v.* 15, p. 2—4. — Freudlsperger, H., 1921. Die Fischerei im Erzstift Salzburg und ihre Lehren. Ibid., *v.* 18, p. 89—91, 97—98, 105—107, 114—116, 121—124. — Freudlsperger, H., 1923. Huchenaufzucht im Inn und in der Salzach mit Besonderer Berücksichtigung des Landes Salzburg. Ibid., *v.* 20, p. 35—36. — Freudlsperger, H., 1932. Die Schwarzreiter. Ibid., *v.* 29, p. 47. — Frickhinger, H., 1932. Untersuchungen über Fischwanderungen. Allg. Fisch. Zeit., München, *v.* 57, p. 35—36. — Friedel, E., 1886. Fischereiverhältnisse in Österreich-Ungarn und Kroatien. Circul. Deutsch. Fisch. Ver., Berlin, *v.* 16, p. 105—127. — Friedle, G., 1950. Die Melk. Österr. Fischerei, Wien, *v.* 3, p. 226—228. — Fritsch, A., 1884. Erwägungen über Aussetzungen von Aalen und Lachsen in das Donaugebiet. Mt. Österr. Fisch. Ver., Wien, *v.* 4, p. 1—4. — Frömming, E., 1932. Ein neues Versuchstier: die Ellritze. Wochenschr. Aquar. Terrar., Braunschweig, *v.* 29, p. 410—411. — Frömming, E., 1933. Bitterlingsmännchen mit Legeröhre. Ibid., *v.* 30, p. 390. — Frömming, E., 1951. Über die Haltung von Flußneunaugen. Aquar. Terrar. Z., Stuttgart, *v.* 4, p. 112. — Fuchs, J., 1888. Versuche der künstlichen Ausbrütung von Renken und Seeforellen im Traunsee. Mt. Österr. Fisch. Ver., Wien, *v.* 8, p. 41—45. — Fuchs, K., 1927. Allerlei von der Bachforelle. Schweiz. Fisch. Zeit., Zürich, *v.* 35, p. 19—21. — Führer, L. V., 1936. Das Wandern der Salme und Aale. Österr. Fisch. Zeit., Wien, *v.* 33, p. 48—49. — Fuhrmann, O., 1934. Die Fische der Schweiz. Schweiz. Fisch. Zeit., Zürich, *v.* 42, p. 161—166. — G. H., 1913. Zur Frage der Wüchsigkeit und Wanderung des Huchens. Österr. Fisch. Zeit., Wien, *v.* 10, p. 39—40. — G. H., 1941. Die Rutte und ihr Fang. Allg. Fisch. Zeit., München, *v.* 66, p. 113—114. — G. H., 1957. Auf Rotauge und Rotfeder. Ibid., *v.* 82, p. 103—104. — G. K., 1957. Vom Nerfling. Ibid., *v.* 82, p. 273—274. — G. K., 1957. Vom Schied. Ibid., *v.* 82, p. 344—345. — G. K., 1957. Von der Nase. Ibid., *v.* 82, p. 387—388. — G. R., 1957. Vom Döbel. Ibid., *v.* 82, p. 442—446. — G. R., 1958. Von der Barbe. Ibid., *v.* 83, p. 31—34. — G. R., 1958. Vom Wels. Ibid., *v.* 83, p. 226—229. — Gäcks, H., 1932—33. Interessantes vom Karpfen. Wochenschr. Aquar. Terrar., Braunschweig, *v.* 29 (1932), p. 772—774; *v.* 30 (1933), p. 100—102. — Gams, H., 1925. Aus der Geschichte der Fauna und Flora am Bodensee. Schr. Bodensee Ges., Lindau, *v.* 1, p. 1—50. — Gasch, A., 1955. Springen der Karpfen. Österr. Fischerei, Wien, *v.* 8, p. 53. — Gaschott, O., 1928. Einführung in die Systematik der Süßwasserfische Mitteleuropas. In: Handb. Binnenfischerei Mitteleuropas v. Demoll u. Maier, *v.* 3, p. 1—51. — Gaschott, O., 1928. Die Stachelflosser (Acanthopterygii). Ibid., *v.* 3, p. 53—100. — Gaschott, O., 1929. Die Stichlinge (Gasterosteidae). Ibid., *v.* 3, p. 131—141. — Gasowska, M., 1936. Der Giebel, eine ostasiatische Silberkarausche. Neue Unterscheidungsmerkmale. Z. Fisch. Hilfsw., Berlin, *v.* 34, p. 719—725. — Geidies, H., 1917. Der Uckelei. Bl. Aquar. Terrar., Braunschweig, *v.* 28, p. 33—34. — Geiler, H., 1951. Fische in Bach und Teich. Leipzig, Verlag E. Wunderlich. — Gerbilsky, N. L., 1957. The biological differentiation in limits of species and its significance for the species of the world. Vestnik Leningrad Univ., Biol., *v.* 21, p. 82—91. — Gerbl, R., 1935. Der Inn und seine fischereiliche Verwendung. Allg. Fisch. Zeit., München, *v.* 60, p. 67—70. — Gerl, G., 1885. Über Äschenfang im Winter. Mt. österr. Fisch. Ver., Wien, *v.* 5, p. 230—232. — Gerl, G., 1893. Allgemeine Betrachtung des Herrn Gerl, bezüglich der ihm in Sachen der Revierbildung zugewiesenen Wasserläufe Niederösterreichs. Mt. österr. Fisch. Ver., Wien, *v.* 13, p. 79—97. — Gerl, G., 1899. Österreichs Tätigkeit auf dem Gebiete der Fischzucht. Ibid., *v.* 19, p. 65—70. — Gerl, G., 1901. Über Zucht und Einbürgerung der amerikanischen Regenbogenforelle. Ibid., *v.* 21, p. 65—67. — Gerl, G., 1903. Über das Aussetzen von Salmenjungbrut und Salmenjungfischen. Ibid., *v.* 23, p. 86—88. — Gerl, G., 1904. Welche Anforderungen stellen Fische an die Gewässer. Österr. Fisch- u. Jagd-Zeit., Wien, *v.* 4, p. 76—77. — Gerl, G., 1907. Über die gegenwärtig in Steiermark herrschenden Fischereizustände. Graz, Verlag des Steierm. Fischerei-Verein. — Gerl, G., u. Weeger, E., 1895. Die Aufzucht der Forelle und der anderen Salmoniden. Wien, Verlag H. Hitschmann. — Gerlach, H., 1902. Etwas vom Hundsfisch. Bl. Aquar. Terrar., Magdeburg, v. 13, p. 64—66. — Gerlach, R., 1947. Der Steinbeißer. Allg. Fisch. Zeit., München, v. 72, p. 288—289. — Gerlach, R., 1948. Der Gründling. Ibid., v. 73, p. 22—23. — Gerlach, R., 1948. Forellen. Ibid., v. 73, p. 57—59. — Gerlach, R., 1948. Die Plötze. Ibid., v. 73, p. 88—89. — Gerlach, R., 1948. Der Blei. Ibid., v. 73, p. 138—139. — Gerlach, R., 1948. Die Flußbarbe. Ibid., v. 73, p. 183—184. — Gerlach, R., 1948. Der Flußbarsch. Ibid., v. 73, p. 265—266. — Gerlach, R., 1948. Der Kaulbarsch. Aquar. Terrar. Z., Stuttgart, v. 1, p. 38. — Gerlach, R., 1949. Naturgeschichte der Fische. Allg. Fisch. Zeit., München, v. 74, p. 354 bis 356. — Gerlach, R., 1949. Die Schleie. Aquar. Terrar. Z., Stuttgart, v. 2, p. 104—105. — Gerlach, R., 1950. Die Fische. Hamburg, Verlag Claasen. — Gerlach, R., 1950. Goldfische. Allg. Fisch. Zeit., München, v. 75, p. 194—195. — Gerlach, R., 1950. Ellritzen u. Groppen. Ibid., v. 75, p. 225—227. — Geppert, W., 1915. Der Hundsfisch. Wochenschr. Aquar. Terrar., Braunschweig, v. 12, p. 26—27. — Gerson, H., 1907. Zur Huchenfrage. Österr. Fisch. Zeit., Wien, v. 4, p. 369—372. — Gerson, H., 1908. Zur Aufklärung: Mein letztes Wort zur Huchen-frage. Ibid., v. 5, p. 6—7. — Gerson, H., 1908. Nochmals die Huchenfrage — vor der Kata-strophe. Ibid., v. 5, p. 70—72. — Gerson, H., 1910. Salmoniden-Setzlinge und ihre Verwen-dung. Ibid., v. 7, p. 72—76. — Gerzhofer, A., 1937. Huchenfang im Wildwasser. Ibid., v. 34, p. 25—28. — Geyer, H., 1907. Bemerkungen zum Kapitel „Goldfischimport und Gold-fischzucht". Wochenschr. Aquar. Terrar., Braunschweig, v. 4, p. 289—290. — Geyer, H., 1915. Die Forelle als Aquarienfisch. Bl. Aquar. Terrar., Stuttgart, v. 26, p. 129—130. — Geyer, H., 1928. Über die zitronengelbe Spielart des Goldfisches. Ibid., v. 39, p. 23. — Geyer, H., u. Mann, H., 1939. Limnologische und fischereibiologische Untersuchungen am ungarischen Teil des Fertö (Neusiedler See). Arb. Ungar. Forsch. Inst. Tihany, v. 11, p. 64—193. — Gibbons, W. P., 1855. Description of a new trout, Salmo iridea. P. Calif. Ac., San Francisco, v. 2, p. 35 bis 36. — Giesen, M. J., 1950. Die Heiligen mit den Fischen in der Deutschen Kunst. Allg. Fisch. Zeit., München, v. 75, p. 7—8. — Giesen, M. J., 1957. Der Fisch als Wasserzeichen. Ibid., v. 82, p. 228. — Giger, F., 1957. Die Karpfen vom Schloßteich Anif. Österr. Fischerei, Wien, v. 10, p. 137—138. — Gill, T. N., 1877. Genera of Centrarchidae. In: Jordan, D. S., Contributions to American ichthyology. Bull. U. S. Mus., Washington, v. 10, p. 31—32. — Gladkow, N. A., 1935. — Variabilité de Cobitis taenia L. Arch. Mus. Zool., Moscow, v. 2, p. 69. — Glas, P., 1901. Zur Geschichte der Fischzucht. Mt. österr. Fisch. Ver., Wien, v. 21, p. 185. — Glowacki, J., 1885. Die Fische der Drau und ihres Gebietes. Jahresber. Steiermärk. Landsch.-Untergymn. Pettau, v. 16, p. 1—14. — Götzenauer, H., 1925. Wann beißen die Forellen? Schweiz. Fisch. Zeit., Zürich, v. 33, p. 133—134. — Gottein, S., 1885. Über die Fischereiverhältnisse im k. k. Kronlande Salzburg. Bayer. Fisch. Zeit., München, v. 10. p. 103 bis 104. — Gräbner, G., 1937. Fischerleben am Attersee. Österr. Fisch. Zeit., Wien, v. 34, p. 78. — Grätz, I., 1881. Der Schill und sein Fang mit der Angel im Stromgebiet der Donau. Mt. österr. Fisch. Ver., Wien, v. 1, p. 48—51. — Graff, L., 1887. Fauna der Alpenseen. Graz. — Graf, J., 1958. Wanderung durch die Binnengewässer. München, Lehmann-Verl. — Gramsch, E., 1909. Die Zucht der Rotfeder. Wochenschr. Aquar. Terrar., Braunschweig, v. 6, p. 645 bis 646. — Grassé, P. P., 1958. Traité de Zoologie, v. 13, Liefg. 1—3 (Agnathes et poissons). Paris, Verl. Masson. — Grassi, C., 1907. Zur Fortpflanzung des Aales. Jahrb. Naturw., Frei-burg i. Br., v. 13, p. 155. — Grassi, C., u. Calandruccio, S., 1897. Fortpflanzung und Meta-morphose des Aals. Allg. Fisch. Zeit., München, v. 22, p. 402—428, 423—428. — Gray, J., 1953. How animals move. Cambridge, University Press. — Grevé, C., 1897. Zur Frage über die Nahrung der Süßwasserfische. Allg. Fisch. Zeit., München, v. 22, p. 288—290. — Grimalski, V., 1935. Der Erhaltungsbedarf des Karpfens. Int. Rev. Hydrob., v. 32, p. 1—47. — Grimalski, V., 1940. Über Wachstum und Nahrung der Zander-Jungfische. Allg. Fisch. Zeit., München, v. 65, p. 83—86. — Grimm, G., 1895. Über den Sterlett. Ibid., v. 20, p. 145. — Grimm, J., 1949. Die Produktionsleistung unserer Seen. Ibid., v. 74, p. 375—378. — Groh, G., 1948. Von der Jungbrut zu K I. Ibid., v. 73, p. 33—39. — Grohs, H., 1955. Die zahmen Forellen der Erletsmühle. Österr. Fischerei, Wien, v. 8, p. 74. — Gronovius, L. Th., 1763. Zoophylacii Gronoviani fasciculus primus exhibens animalia quadrupeda amphibia atque pisces. Lugduni Batavorum. — Großbauer, E., Edler von Waldstätt, 1881. Die Fischerei im Salzkammer-gut. Mt. österr. Fisch. Ver., Wien, v. 1, p. 21—28. — Großbauer, E., Edler von Waldstätt, 1882. Die Rheinanken und ihr Fang im Traunsee. Ibid., v. 2, p. 175—177. — Grosch, G., 1939. Wie verhalten sich Raubfische zueinander und untereinander. Allg. Fisch. Zeit., München, v. 64, p. 121—124. — Grosch, G., 1950. Was frißt der Waller? Ibid., v. 75, p. 353—354. — Grosch, G., 1951. Die Nahrung der Fische. Ibid., v. 76, p. 10—11. — Grosch, G., 1952. Der Zander. Ibid., v. 77, p. 86—87. — Grosch, G., 1954. Wallerfang. Ibid., v. 79, p. 367 bis 368. — Grosch, G., 1957. Reusenfang. Ibid., v. 82, p. 229—230. — Grote, W., 1905.

Allerlei Interessantes vom Aal. Österr. Fisch. Zeit., Wien, v. 2, p. 3—4. — Grote, W., Vogt, C., u. Hofer, B., 1909. Die Süßwasserfische von Mitteleuropa. Leipzig, Verl. Engelmann. — Gruber, A., 1893. Wovon ernährt sich der Zander im Bodensee? Allg. Fisch. Zeit., München, v. 18, p. 339—340. — Gruber, G., 1917. Zur Schädlichkeit der Trüsche. Ibid., v. 42, p. 318. — Grünefeld, M., 1957. Der sportgerechte Angler. Berlin-Hamburg, P. Parey Verl. — Gsenger, K., 1935. Vom Donauschill. Österr. Fisch. Zeit., Wien, v. 32, p. 136—137. — Günther, A., 1859—70. Catalogue of the Acanthopterygian Fishes in the collection of the British Museum. London, v. 1—8. — Günther, A., 1886. Handbuch der Ichthyologie. Wien, Verl. C. Gerold. — Guganeder, M., 1929. Darf man Aitels vertilgen? Österr. Fisch. Zeit., Wien, v. 26, p. 31. — H., 1878. Einführung von Aalen in das Donaugebiet. Mt. Fischereiwesen, München, v. 3, p. 23 bis 24. — H., 1886. Der Millstättersee in Kärnten. Mt. österr. Fisch. Ver., Wien, v. 6, p. 16 bis 19. — H., 1906. Purpur- und Stahlkopfforelle. Österr. Fisch. Zeit., Wien, v. 3, p. 208—211. — H., 1906. Bachsaibling und Regenbogenforelle. Ibid., v. 3, p. 222—225. — H., 1920. Die Felchenfischerei am Bodensee. Allg. Fisch. Zeit., München, v. 45, p. 230. — H., 1929. Karpfenzucht. Österr. Fisch. Zeit., Wien, v. 26, p. 69—70. — H., 1958. Wann und wo beißen die Fische? Allg. Fisch. Zeit., München, v. 38, p. 233—234. — H., 1958. In welchen Wasserschichten halten sich unsere Süßwasserfische auf? Ibid., v. 83, p. 236. — Haack, H., 1877—79. Die Einführung von Aalen in das Donaugebiet und Bemerkungen über Akklimatisierung anderer Fischarten. Mt. Fischereiwesen, München, v. 2 (1877), p. 33—35; v. 4 (1879), p. 24—25. — Haack, H., 1883. Zur Frage der Charakterisierung des Salmo fontinalis als Saibling. Allg. Fisch. Zeit., München, v. 8, p. 112—113. — Haack, H., 1887. Wie ich Aale in den Karpfenteichen sammle und fange. Ibid., v. 12, p. 49—51. — Haack, H., 1888. Die Zucht der Coregonen. Ibid., v. 13, p. 84—87. — Haack, H., 1889. Der Zander. Ibid., v. 14, p. 101. — Haack, H., 1889. Kreuzung von Salmo salvelinus mit Salmo fontinalis. Ibid., v. 14, p. 333—334. — Haack, H., 1892. Der deutsche Saibling. Ibid., v. 17, p. 323. — Haack, H., 1893. Zander im Bodensee. Ibid., v. 18, p. 177. — Haack, H., 1893. Bastardierung der Forelle durch den Bachsaibling. Ibid., v. 18, p. 210. — Haack, H., 1903. Der amerikanische Zwergwels. Ibid., v. 28, p. 81—83. — Haager, K., 1926. Die Fischereiwirtschaft Österreichs. Österr. Fisch. Zeit., Wien, v. 23, p. 118 bis 120, 126—130, 138—142, 149—154. — Haakh, Th., 1929. Alter und Wachstum der Bodenseefische. Arch. Hydrob., Stuttgart, v. 20, p. 214—295. — Haempel, O., 1909. Über das Wachstum des Huchens. Int. Rev. Hydrob., v. 3, p. 136—154. — Haempel, O., 1912. Leitfaden der Biologie der Fische. Stuttgart, Verl. F. Enke. — Haempel, O., 1914. Über Farbenwechsel und Farbenunterscheidung der Fische. Österr. Fisch. Zeit., Wien, v. 11, p. 277—279, 286—287. — Haempel, O., 1916. Zur Fischereibiologie des Hallstätter Sees. Österr. Fisch. Zeit., Wien, v. 13, p. 105—107, 115—118. — Haempel, O., 1916—22. Der Grundlsee. Österr. Fisch. Zeit., Wien, v. 13 (1916), p. 129—131, 137—139; Int. Rev. Hydrob., v. 10 (1922), p. 441 bis 490. — Haempel, O., 1918. Der Hallstätter See. Int. Rev. Hydrob., v. 8 (1917/20), p. 225 bis 287. — Haempel, O., 1920. Der Millstättersee. Österr. Fisch. Zeit., Wien, v. 17, p. 121—122, 129—130. — Haempel, O., 1921. Variabilität, Vererbung und Rassenfragen bei den Fischen. Schweiz. Fisch. Zeit., Zürich, v. 29, p. 45—49, 81—87. — Haempel, O., 1923. Der Millstätter See (Biologie und Fischereiverhältnisse). Arch. Hydrob., v. 14, p. 1—100. — Haempel, O., 1924. Studien am Seesaibling mehrerer österreichischer Alpenseen. Verh. Int. Ver. Limnol., v. 2, p. 129—135; Österr. Fisch. Zeit., Wien, v. 21, p. 9—11. — Haempel, O., 1925. Der Attersee. Int. Rev. Hydrob., v. 15, p. 273—322. — Haempel, O., 1926. Unsere Alpenseen und ihre wirtschaftliche Bedeutung. Österr. Fisch. Zeit., Wien, v. 23, p. 9—12, 25—26, 33—34, 41—43. — Haempel, O., 1926. Der Neusiedlersee und seine Fischereiverhältnisse. Ibid., v. 23, p. 177—179, 185—186, 193—195. — Haempel, O., 1926. Biologie der Fische. Stuttgart, Enke-Verl. — Haempel, O., 1927. Zur Fischereibiologie des Attersees. Österr. Fisch. Zeit., Wien, v. 24, p. 57—59, 71—73, 81—84, 93—94, 105—107. — Haempel, O., 1927. Der Irrsee. (Biologie und Fischereiverhältnisse.) Int. Rev. Hydrob., v. 26, p. 337—387. — Haempel, O., 1928. Vergleichende Biologie des Atter-, Mond- und Irrsees und die Errichtung einer fischereibiologischen Versuchsanstalt. Österr. Fisch. Zeit., Wien, v. 25, p. 65—66, 73—74. — Haempel, O., 1929. Fische und Fischerei im Neusiedler See. Intern. Rev. Hydrob., v. 22, p. 445—452. — Haempel, O., 1930. Fischereibiologie der Alpenseen. In: Die Binnengewässer, v. 10, p. 1—259. Stuttgart, Verl. Schweizerbart. — Haempel, O., 1930. Biologische und fischereiliche Typen der Alpenseen. Österr. Fisch. Zeit., Wien, v. 27, p. 233—235. — Haempel, O., 1931. Anregungen zur Steigerung der Fischproduktion in Österreich. Ibid., v. 28, p. 121—123, 129—130, 137 bis 139. — Haempel, O., 1949. Zur Biologie der Befruchtung und Entwicklung beim Hecht. Österr. Fischerei, v. 2, p. 243—246. — Haempel, O., 1951. Probleme der Coregonen-Systematik in den Gewässern Mitteleuropas. Ibid., v. 4, p. 270—272. — Häpke, R., 1912. Das Alter der Aale. Allg. Fisch. Zeit., München, v. 37, p. 535—537. — Häusermann, P., 1957. Wie kommen die Fische in den Tümpel? Aquar. Terrar. Z., Stuttgart, v. 10, p. 137. — Haffner, C., 1911. Junge Aale. Wochenschr. Aquar. Terrar., Braunschweig, v. 8, p. 619—620. — Haffner, C.,

1912. Einiges vom Zwergwels. Ibid., *v.* 9, p. 123—124. — Haffner, C., 1912. Der Hecht im Aquarium. Bl. Aquar. Terrar., Stuttgart, *v.* 23, p. 206—208. — Haffner, C., 1912. Die Hundsfische. Wochenschr. Aquar. Terrar., Braunschweig, *v.* 9, p. 349—350. — Haffner, C., 1914. Die Aalquappe im Aquarium. Ibid., *v.* 11, p. 763—764. — Haffner, C., 1915. Die Regenbogenforelle. Ibid., *v.* 12, p. 25—26. — Haffner, C., 1915. Die Rotfeder. Ibid., *v.* 12, p. 543—544. — Haffner, C., 1915. Der Rohrbarsch im Aquarium. Ibid., *v.* 12, p. 568. — Haffner, C., 1915. Unverträglichkeit von Forellen im Aquarium. Ibid., *v.* 12, p. 602. — Haffner, C., 1916. Über die Haltbarkeit der Forellen im Aquarium. Bl. Aquar. Terrar., Stuttgart, *v.* 27, p. 338—339. — Haffner, C., 1916. Etwas vom Hecht. Wochenschr. Aquar. Terrar., Braunschweig, *v.* 13, p. 100 bis 101. — Hagen, W., 1916. Vom Rotauge. Bl Aquar. Terrar., Stuttgart, *v.* 27, p. 195. — Hagen, W., 1916. Rassen des Rotauges. Allg. Fisch. Zeit., München, *v.* 41, p. 262—263. — Hagmüller, A., 1912. Der Schwarzreiter. Österr. Fisch. Zeit., Wien, *v.* 9, p. 229. — Halbfaß, W., 1900. Über die naturwissenschaftlichen Grundlagen der Binnenfischerei. Allg. Fisch. Zeit., München, *v.* 25, p. 113—117, 131—135, 157—160, 173—176, 190—193. — Hamann, O., 1905. Der Ellritze Hochzeitskleid. Wochenschr. Aquar. Terrar., Braunschweig, *v.* 2, p. 748. — Hampel, L., 1882. Die Fischerei im Flußgebiet der Salza in Steiermark. Mt. österr. Fisch. Ver., Wien, *v.* 2, p. 146—148. — Hampel, L., 1884. Der Erlafsee bei Mariazell. Ibid., *v.* 4, p. 40 bis 41. — Handschin, E., 1923. Die Lebensgeschichte des Flußaals. Österr. Fisch. Zeit., Wien, *v.* 20, p. 73—74. — Handschin, E., 1924—25. Brutplätze und Wanderungen des Flußaals. Schweiz. Fisch. Zeit., Zürich, *v.* 31 (1924), p. 168—171, 189—192; *v.* 32 (1925), p. 189 bis 193. — Hanko, B., 1923. Über den Hundsfisch. Zool. Anz., *v.* 57, p. 88—95. — Hanko, B., 1931. Ursprung und Verbreitung der Fische Ungarns. Közl. debr. egy all., Debrecen, *v.* 10, p. 1—31; Arch. Hydrob., *v.* 23, p. 520—556. — Harrer, R., 1924. Wechsel des Fischbestandes in der oberen Donau. Allg. Fisch. Zeit., München, *v.* 49, p. 105—107. — Hartlieb, R., 1938. Huchenstände. Österr. Fisch. Zeit., Wien, *v.* 35, p. 6—8. — Hartlieb, R., 1948. Der Huchenfischer. Wien, Hubertus-Verl. — Hartmann, V., 1882. Das Ossiacher Seetal und seine Ränder. Klagenfurt, Verl. J. Heyn. — Hartmann, V., 1886. Das Kärntner Faakerseetal der Gegenwart und Vorzeit. Jahresber. Staats-Oberrealsch. Klagenfurt, *v.* 39, p. 1—47. — Hartmann, V., 1890. Das seenreiche Keutschachthal in Kärnten. Klagenfurt, Verl. A. Raunecker. — Hartmann, V., 1898. Die Fische Kärntens. Jahrb. naturw.-histor. Landesmuseum Kärnten, Klagenfurt, *v.* 25, p. 1—48. — Hass, G., 1957. Die Bodenseefischerei im Jahre 1956. Allg. Fisch. Zeit., München, *v.* 82, p. 292—294. — Haugeneder, K., 1952. Arbeitserfolge als „Hucheninspektor". Österr. Fischerei, Wien, *v.* 5, p. 281—282. — Hawlitschek, A., 1887. Der Felder- und Afritzersee in Kärnten. Mt. österr. Fisch. Ver., Wien, *v.* 7, p. 68—73. — Hawlitschek, A., 1887. Der St. Wolfgangsee. Ibid., *v.* 8, p. 52—55. — Hawlitschek, A., 1889. Einige Süßwasserfische und ihr Fang. Ibid., *v.* 9, p. 34—35. — Hawlitschek, A., 1889. Über verschiedene Seen und Fischbrutanstalten im Kronlande Salzburg und im Salzkammergut. Ibid., *v.* 9, p. 85—91. — Hawlitschek, A., 1890. Der Achensee in Tirol. Ibid., *v.* 10, p. 6—10. — Hawlitschek, A., 1890. Der Längsee in Kärnten. Ibid., *v.* 10, p. 72—74. — Hawlitschek, A., 1892. Einige Kärntner Seen zweiten Ranges. Ibid., *v.* 12, p. 22—25. — Hawlitschek, A., 1893. Der Klopeinersee in Unterkärnten. Ibid., *v.* 13, p. 30—32. — Hawlitschek, A., 1893. Das Mölltal in Kärnten, seine Seen und die Fischereirechte im Gebiet der Möll. Ibid., *v.* 13, p. 56—62. — Hawlitschek, A., 1894. Einiges über die Kraigerseen, den Längsee, Stappitzerseen und Millstättersee. Ibid., *v.* 14, p. 41—46. — Hawlitschek, A., 1894. Die Mattseen im Kronlande Salzburg. Ibid., *v.* 14, p. 140—144. — Hawlitschek, A., 1895. Die Salmen der österreichischen Gewässer. Ibid., *v.* 15, p. 27—37, 41—49. — Hawlitschek, A., 1896. Der gemeine Aal vom fischereilichen und wirtschaftlichen Standpunkt aus. Ibid., *v.* 16, p. 77—86. — Hawlitschek, A., 1896. St. Georgen am Längsee in Kärnten als Sommerfrische und Fischereistation. Ibid., *v.* 16, p. 2—5. — Hawlitschek, A., 1896. Die Stadt Tulln, ihre Fischereigewässer von gestern und heute. Ibid., *v.* 17, p. 26—33. — Hawlitschek, A., 1898. Die Seeforelle und der Barsch des Millstättersees. Ibid., *v.* 18, p. 52—59. — Hawlitschek, A., 1898. Der Sterlett. Ibid., *v.* 18, p. 167—170. — Hecht, S., 1906. Zur Frage der Wanderung des Huchens. Österr. Fisch. Zeit., Wien, *v.* 4, p. 96—97. — Heckel, J., 1848. Die Fische Ungarns. In: Haidinger, Ber. Mt. Fr. Wien, *v.* 3, p. 194. — Heckel, J., 1851. Über die in den Seen Oberösterreichs vorkommenden Fische. SB. Ak. Wien, math.-naturw. Cl., *v.* 6 I, p. 145—149. — Heckel, J., 1851. Bericht über eine auf Kosten der kaiserlichen Akademie der Wissenschaften durch Ober-Oesterreich nach Salzburg, München, Innsbruck, Botzen, Verona, Padua, Venedig und Triest unternommenen Reise. SB. Ak. Wien, math.-naturw. Cl., *v.* 7 I, p. 281—333; *v.* 8, p. 347—390; *v.* 9, p. 49—123. — Heckel, J., 1852. Verzeichniss der Fische des Donaugebietes in der ganzen Ausdehnung des österreichischen Kaiserstaates. Verh. Ver. Wien, *v.* 2, SB. p. 28—33. — Heckel, J., 1854. Die Fische der Salzach. Untersucht und systematisch verzeichnet. Ibid., *v.* 4, Abh. p. 189—196. — Heckel, J., u. Kner, R., 1858. Die Süßwasserfische der Österreichischen Monarchie mit Rücksicht auf die angrenzenden Länder. Leipzig, Verlag Engelmann. — Hein,

W., 1906—07. Zur Biologie der Forellenbrut. Allg. Fisch. Zeit., München, v. 31 (1906), p. 217 bis 224, 239—243, 398—402; v. 32 (1907), p. 334—339, 383—387, 398—402, 441—447, 463—466, 487—490. — Helfer, H., 1949. Die wirtschaftliche und kulturelle Bedeutung der Binnengewässer. Stuttgart, Schweizerbart'sche Verlagsbuchh. — Heller, C., 1869. Die Seen Tirols und ihre Fischfauna. Innsbruck. — Heller, C., 1871. Die Fische Tirols und Vorarlbergs. Z. Ferdinandeum, Innsbruck, v. 16, p. 295. — Heller, C., 1881. Über die Verbreitung der Thierwelt im Tiroler Hochgebirge. SB. Ak. Wien, math.-naturw. Cl., v. 83 I, p. 103—175. — Hemsen, J., 1956. Die Steyr. Österr. Fischerei, Wien, v. 9, p. 120—132. — Henschel, G., 1890. Praktische Anleitung zum Bestimmen unserer Süßwasserfische nebst einem alphabetisch geordneten Verzeichnis der Synonyma und Volksnamen. Leipzig, Verl. Deuticke. — Hermes, K., 1887. Zeichnen von Lachsen und Besetzung des Donaugebietes. Circul. Deutsch. Fisch. Ver., Berlin, v. 17, p. 11—14. — Hermann, F., 1919. Eine 500 Jahre alte Charakterisierung der Fische. Allg. Fisch. Zeit., München, v. 44, p. 13—15. — Hermann, H. E., 1957. Die moderne Sportfischerei. Nidau/Schweiz, Verl. E. H. Hermann. — Herwig, W., 1905. Zur Altersbestimmung der Fische. Allg. Fisch. Zeit., München, v. 30, p. 410—411. — Hesse, R., 1913. Wie Fische steigen und sinken. Bl. Aquar. Terrar., Stuttgart, v. 24, p. 24—25. — Hesse, R., u. Doflein, F., 1910. Tierbau und Tierleben, in ihrem Zusammenhang betrachtet. Leipzig, Verl. B. G. Teubner. — Heuscher, J., 1903. Die Fischerei im Bodensee. Schweiz. Fisch. Zeit., Zürich, v. 11, p. 198—205, 218—220, 223—225. — Heuschmann, O., 1940. Die Hechtzucht. In: Handb. Binnenfischerei Mitteleuropas v. Demoll-Maier. Stuttgart, v. 4, p. 750 bis 787. — Heuschmann, O., 1955. Unser Flußaal und die Wegener'sche Kontinentalverschiebungstheorie. Allg. Fisch. Zeit., München, v. 80, p. 206—208. — Heuschmann, O., 1957. Die Hochtartigen und die Weißfische. In: Handb. Binnenfischerei Mitteleuropas v. Demoll-Maier. Stuttgart, v. 3, p. 1—22, 23—191. — Hindelang, F., 1900. Das Laichgeschäft der Felchen im Bodensee. Allg. Fisch. Zeit., München, v. 25, p. 23. — Hirn, R., 1893. Zur Einbürgerung des Zanders in den Bodensee. Ibid., v. 18, p. 115—116. — Höplinger, W., 1920. Die Betriebsweise der Fischerei am Attersee, einst und jetzt. Österr. Fisch. Zeit., Wien, v. 17, p. 11, 20. — Hofer, B., 1891. Über die niedere Tierwelt in unseren Süßwässern, speziell im Bodensee zur Winterszeit. Allg. Fisch. Zeit., München, v. 16, p. 29—32. — Hofer, B., 1898. Zur Rassenfrage der Karpfen. Ibid., v. 23, p. 95—97. — Hofer, B., 1898. Die Rassen der Karpfen. Correspondenzbl. Fischzüchter u. Teichwirte, Berlin, v. 6, p. 136; Allg. Fisch. Zeit., München, v. 23, p. 37—40, 153—156, 175—176, 187—188, 205—206, 257—259, 274—275. — Hofer, B., 1903. Der Ursprung des Karpfens. Allg. Fisch. Zeit., München, v. 28, p. 387—388. — Hofer, B., 1909. Markierte Schwebforellen im Bodensee. Ibid., v. 34, p. 28. — Hofer, B., 1912. Die Ergebnisse der neueren exacten Vererbungslehre in ihrer Bedeutung für die Fischzucht. Ibid., v. 37, p. 2—6, 30—34, 92—96, 334—338. — Hofer, B., 1913. Zur Frage der Entstehung der Spiegel- und Lederkarpfen. Ibid., v. 38, p. 369—370. — Hofer, B., 1914. Eizahl bei Fischen. Schweiz. Fisch. Zeit., Zürich, v. 21, p. 304—305. — Hofer, B., 1915. Über Karpfen-Laich-Teiche. Allg. Fisch. Zeit., München, v. 40, p. 180—181. — Hofer B., 1916. Salmonidenbrutteiche. Ibid., v. 41, p. 220—223. — Hofer, B., 1937. Die Pflege des Seesaiblings. Schweiz. Fisch. Zeit., Zürich, v. 45, p. 269—271. — Hoffbauer, C., 1898—99. Die Altersbestimmung nach seiner Schuppe. Allg. Fisch. Zeit., München, v. 23 (1898), p. 341—343; v. 24 (1899), p. 135 bis 139, 150—156, 296. — Hoffbauer, C., 1900. Zur Frage der Altersbestimmung an der Fischschuppe. Ibid., v. 25, p. 296. — Hoffbauer, C., 1901. Die Bedeutung der Körpermessung als Bestimmungsmittel. Ibid., v. 26, p. 183—184. — Hoffbauer, C., 1902. Über den Einfluß des Wasservolumens auf das Wachsthum der Fische. Ibid., v. 27, p. 103—104, 119—122. — Hoffbauer, C., 1904. Zur Alters- und Wachstumserkennung der Fische nach der Schuppe. Ibid., v. 29, p. 242—244. — Hoffbauer, C., 1905. Weitere Beiträge zur Alters- und Wachstumsbestimmung der Fische, speciell des Karpfens. Z. Fisch. Hilfsw., Berlin, v. 12, p. 111—142. — Hoffmann, J. F., 1903. Über eine Ursache des Sterbens der Fische. Allg. Fisch. Zeit., München, v. 28, p. 399—403. — Hofmann, B., 1953. Bemerkungen zur Bayerischen Karpfenzucht. Allg. Fisch. Zeit., München, v. 78, p. 302—303. — Hofmann, B., 1953. Erfahrungen über die Zucht des Aischgründer Karpfens. Ibid., v. 78, p. 352—354. — Hofmann, B., 1953. Welche züchterische Maßnahmen dürften in der Karpfenzucht vordringlich sein? Ibid., v. 78, p. 354. — Hofmann, B., 1955. Über Leistungsprüfungen und züchterische Fragen beim Karpfen. Ibid., v. 80, p. 42—44. — Hofmann, B., 1957. Welche Mittel haben wir, um das Wachstum der Karpfen laufend überprüfen zu können? Ibid., v. 82, p. 69. — Hofmann, B., 1957. Altes und Neues über Karpfenrassen. Ibid., v. 82, p. 147—148. — Hofmann, B., 1957. Welche Gesichtspunkte gelten für die Auswahl der Karpfenlaicher? Ibid., v. 82, p. 424—425. — Hofmann, D., 1932. Was frißt der Hecht in einem Salmonidenwasser? Ibid., v. 57, p. 87. — Hofmann, D., 1933. Der Nahrungskoeffizient des Hechtes. Ibid., v. 58, p. 35—36. — Hofmann, D., 1933. Vom Laichen der Karpfen. Ibid., v. 58, p. 183. — Hofmann, D., 1935. Nach welchen Gesichtspunkten hat sich die Karpfenzucht zu richten? Ibid., v. 60, p. 98—104. — Holly, M., 1933.

Cyclostomata. In: Tierreich v. Schulze-Kükenthal, Berlin-Leipzig, v. 59, p. 1—62. — Holly, M., 1936. Ganoidei. In: Tierreich v. Schulze-Kükenthal, Berlin-Leipzig, v. 67, p. 1—65. — Holly, M., 1940. Zur Nomenklatur von Umbra krameri Walbaum 1792. Zool. Anz., v. 133, p. 95. — Houssay, F., 1926. Forme, puissance et stabilité des poissons. Paris, Verl. Hermann. — Hübner, A., 1905. Fischwirtschaft. Gesammelte Arbeiten aus 25-jähriger öffentlicher Tätigkeit und 40-jähriger Praxis. Bautzen, Verl. E. Hübner. — Hütter, J., 1874. Über die Fische im Lunzer See und in der Ybbs. Schulprogramm der Niederösterr. Landes-Central- u. Gewerbeschule Waidhofen a. d. Ybbs, p. 1—22. — Hunziker, H., 1939. Forellenzucht. Schweiz. Fisch. Zeit., Zürich, v. 47, p. 2—7, 28—30. — Hunziker, H., 1952. ABC für Sportfischer. Rüschlikon-Zürich, Verl. Albert Müller. — Hunziker, H., 1957. Fischwasser-Geheimnisse. Rüschlikon-Zürich, Verl. Albert Müller. — I., 1931. Linné und der Goldfisch. (Ein kleiner Rückblick.) Wochenschr. Aquar. Terrar., Braunschweig, v. 28, p. 703. — Igler, K., 1950. Die Teichhaltung der Regenbogenforelle. Österr. Fischerei, Wien, v. 3, p. 3—6. — Illies, J., 1958. Die Barbenregion mitteleuropäischer Fließgewässer. Verh. Int. Ver. Limnol., Stuttgart, v. 13, p. 834—844. — Innes, W. T., 1952. Exotic aquarium fishes. Philadelphia, Innes Publishing Company. — Irlweck, O., 1930. Das Problem des Neusiedler Sees. Bl. Naturk. u. Naturschutz, Wien, v. 17, p. 9—10. — J., 1896. Die Regenbogenforelle. Allg. Fisch. Zeit., München, v. 21, p. 85. — J., 1898. Der Huchen in der Wandlung der Zeiten. Österr. Fisch. Zeit., Wien, v. 5, p. 489—490. — J., 1936. Zur Huchensaison. Ibid., v. 33, p. 137—138. — Jäckel, A., 1864. Die Fische Bayerns, ein Beitrag zur Kenntnis der deutschen Süßwasserfische. Corresp. Bl. Zool. Mineralog. Verein, Regensburg, v. 18, p. 1—104. — Jacobs, W., 1949. Aus dem Leben der Fischbrut. Aquar. Terrar. Z., Stuttgart, v. 2, p. 53—55. — Jaffé, S., 1895. Die Regenbogenforelle. Allg. Fisch. Zeit., München, v. 20, p. 101—102. — Jaffé, S., 1895. Die Forelle als Wanderfisch. Ibid., v. 20, p. 296—297. — Jaffé, S., 1899. Die Purpur- oder Rotkehlchenforelle. Ibid., v. 24, p. 178—179. — Jaffé, S., 1900. Aussetzung und Pflege des Nachwuchses von Salmoniden im Teiche und Freien Wasser. Ibid., v. 25, p. 40—42. — Jaffé, S., 1900. Regenbogenforelle und Stahlkopf. Ibid., v. 25, p. 139—141. — Jaffé, S., 1902. Die Purpurforelle. Ibid., v. 27, p. 46—47. — Jaffé, S., 1902. Gedächtnis der Fische. Bl. Aquar. Terrar., Magdeburg, v. 13, p. 164. — Jaffé, S., 1903. Zur Akklimatisation der Regenbogenforelle. Allg. Fisch. Zeit., München, v. 28, p. 338. — Jagoditsch, F., 1911. Die Riesen unter den Bachforellen. Österr. Fisch. Zeit., Wien, v. 11, p. 183—184. — Jagoditsch, F., 1912. Der Huchen, ein Opfer der Kultur. Ibid., v. 9, p. 425—426, 451—452. — Jagoditsch, F., 1930. Der Huchen als Hochzeiter. Dies und das aus dem Leben unseres lachsartigen Binnenländers. Ibid., v. 27, p. 4—6, 15—16, 23—25, 45—47. — Jarmer, K., 1928. Das Seelenleben der Fische. München u. Wien, Verl. R. Oldenbourg. — Järnefeldt, 1948. Die Fische und die Gewässertypen. Verh. Int. Limnol. Congr., Stuttgart, v. 10, p. 216—231. — Jeitteles, L. H., 1862. Ueber das Vorkommen von Lucioperca volgensis C. V. bei Wien, nebst Beiträgen zur näheren Kenntnis der beiden mitteleuropäischen Lucioperca-Arten. Verh. Ges. Wien, v. 12, Abh. p. 113—114. — Jeitteles, L. H., 1862. Prodromus faunae vertebratorum Hungariae Superioris. Beiträge zur näheren Kenntniss der Wirbelthiere Ungarn's. Ibid., v. 12, Abh. p. 245 bis 314. (Pisces: p. 288—313.) — Jeitteles, L. H., 1863. Die Fische der March bei Olmütz. Jahresber. Olmützer Gymnas., v. 1, p. 1—33. — Jöhnk, J. H., 1920. Die Ellritze. Bl. Aquar. Terrar., Stuttgart, v. 31, p. 99—101. — Jöhnk, J. H., 1920. Der Hundsfisch. Ibid., v. 31, p. 241—243. — Jöhnk, J. H., 1920. Fische aus dem Altertumsmuseum. Wochenschr. Aquar. Terrar., Braunschweig, v. 17, p. 86—87. — Jöhnk, J. H., 1921. Vom Aal im Aquarium. Bl. Aquar. Terrar., Stuttgart, v. 32, p. 35—36. — Jöhnk, J. H., 1921. Der Steinbeißer. Ibid., v. 32, p. 65—67. — Jordan, D. S., 1877. Contributions to North American Ichthyology, nr. 10. Bull. U. S. Mus., Washington, v. 3, p. 21. — Jordan, D. S., and Evermann, B. W., 1896. The fishes of North and Middle America. Ibid., v. 47, pt. I—IV, 3313 pp. — Jordan, D. S., and Gilbert, Ch. H., 1883. A synopsis of the fishes of North America. Ibid., v. 16, 1018 pp. — Josephy, G., 1897. Ein angeblich neuer Saibling. Allg. Fisch. Zeit., München, v. 22, p. 26—27. — Julner, K., 1910. Der Schraz. Österr. Fisch. Zeit., Wien, v. 7, p. 182—183. — Jürgens, W., 1911. Neigt das Bachneunauge zum Parasitismus? Bl. Aquar. Terrar., Stuttgart, v. 22, p. 624—625, 695—698. — Jurine, L., 1825. Histoire abrégée des poissons du lac Léman. Mém. Soc. Phys. Hist. Nat., Genève, v. 3, p. 133—235. — K. K. E., 1927. Die Forelle und ihre Nahrung. Österr. Fisch. Zeit., Wien, v. 24, p. 121—123. — Kaiser, A., 1924. Das Moderlieschen. Wochenschr. Aquar. Terrar., Braunschweig, v. 21, p. 561—562. — Kaiser-Vetsch, L., u. Fehlmann, J. W., 1915—17. Zur Ernährung der Regenbogenforelle und ihrer Brut. Schweiz. Fisch. Zeit., Zürich, v. 23 (1915), p. 320—325; v. 25 (1917), p. 66—70. — Kallus, G., 1954. Zur Ernährungsbiologie der Fische. Österr. Fischerei, Wien, v. 7, p. 22—23. — Kammerer, P., 1901. Der Allentsteigersee. Österr. Tiermarkt, Supp. (Lotus-Mt.), Wien, v. 1, p. 15. — Kammerer, P., 1901. Ichthyologische Beobachtungen. Ibid., v. 1, p. 16. — Kammerer, P., 1905. Das Bachneunauge. Wochenschr. Aquar. Terrar., Braunschweig, v. 2, p. 263—265. — Kammerer, P.,

1905—08. Donaubarsche. Bl. Aquar. Terrar., Magdeburg, v. 16, p. 321—324, 333—334, 344—346, 353—355, 368—369; v. 19 (1908), p. 98—100, 111—115, 122—126, 133—135, 145—148, 159 bis 163, 173—176, 185—188, 197—200, 211—214, 265—266, 284—286, 297—301, 314—317. — Kammerer, P., 1906. Das Gefangenleben der Aalquappe. Ibid., v. 17, p. 443—445, 455. — Kammerer, P., 1907. Bastardierung von Flußbarsch und Kaulbarsch. Arch. Entw. Mech., Leipzig, v. 23, p. 511—551. — Kammerer, P., 1907. Der Donauwels. Bl. Aquar. Terrar., Magdeburg, v. 18, p. 482—483. — Kammerer, P., 1907. Die Flussgroppe. Ibid., v. 18, p. 496 bis 497. — Kammerer, P., 1907. Sieben Tage an den Versuchsteichen von Frauenberg. Österr. Fisch. Zeit., Wien, v. 4, p. 6—10, 17—19. — Kammerer, P., 1907. Auffütterung von Barschbrut aus dem Ei. Ibid., v. 4, p. 20. — Kammerer, P., 1908. Der Zander, ein Allesfresser. Allg. Fisch. Zeit., München, v. 33, p. 219. — Kammerer, P., 1909. Unsere einheimischen Süßwasserfische. Einzelne Beobachtungen an ihnen. Bl. Aquar. Terrar., Stuttgart, v. 20, p. 513—517. — Kammerer, P., 1910. Vererbungsversuche an Fischen. Österr. Fisch. Zeit., Wien, v. 7, p. 327—330. — Kammerer, P. 1920. Allgemeine Biologie. Stuttgart, Deutsche Verl.-Anstalt. — Kässbohrer, M., 1880. Abnahme des Fischbestandes in der Donau. Circ. Deutsch. Fisch. Ver., Berlin, v. 6, p. 185—186. — Kässbohrer, M., 1891. Die Schonzeit des Huchen. Allg. Fisch. Zeit., München, v. 16, p. 113—115. — Kästner, H., 1957. Der Fisch im Sprichwort. Allg. Fisch. Zeit., München, v. 82, p. 392. — Katzer, O., 1928. Der Huchenfang in der Donau. Österr. Fisch. Zeit., Wien, v. 25, p. 132—133, 139—140. — Keller, E., 1932. Die Stauseen als Fischwasser. Schweiz. Fisch. Zeit., Zürich, v. 40, p. 386—390. — Kellner, W., 1884. Die Fischzucht in Tirol nach Mitteilungen der Tiroler Handelskammer. Bayer. Fisch. Zeit., München, v. 9, p. 199—200. — Kerlen, C., 1894. Der Zwergwels. Z. Fisch. Hilfsw., Berlin, v. 2, p. 1—3. — Kern, G., 1925. Der Bitterling. Wochenschr. Aquar. Terrar., Braunschweig, v. 22, p. 610—611. — Kern, G., 1926. Die Ellritze. Ibid., v. 23, p. 228—229. — Kerstan, S., 1955. Wann beißt der Hecht? Allg. Fisch. Zeit., München, v. 80, p. 461. — Kerschner, T., 1950. Der Linzer Markt für Süßwasserfische, insbesondere in seiner letzten Blüte vor dem ersten Weltkrieg. Naturk. Jb., Linz, v. 1, p. 119—155. — Kiefer, F., 1955. Naturkunde des Bodensees. Bodensee-Bibliothek, Lindau-Konstanz, v. 1, p. 169. Verl. Jan Thorbecker. — Kienbaum, H., 1925. Einheimische Aquarienfische. Bl. Aquar. Terrar., Stuttgart, v. 36, p. 178—180, 206—209. — Kitt, M., 1905. Ein Beitrag zur Biologie des Schlammbeißers. Österr. Fisch. Zeit., Wien, v. 2, p. 480. — Klingelhöffer, K., 1916. Der Farbensinn der Fische. Wochenschr. Aquar. Terrar., Braunschweig, v. 13, p. 83—87. — Klose, H., 1920. Fischerei und Naturdenkmalpflege. Mt. Fisch. Ver. Brandenburg, Berlin, v. 12, p. 40—41. — Kloß, E., 1925. Die Bachforelle. Wochenschr. Aquar. Terrar., Braunschweig, v. 22, p. 716—717, 762—764, 796—798. — Kloß, E., 1926. Die Schleie. Ibid., v. 32, p. 715—716. — Kloss, E., 1957. Der junge Sportfischer. Rüschlikon-Zürich, Verl. A. Müller. — Klunzinger, C. B., 1884. — Über die Felchenarten des Bodensees. Jahresh. Ver. Würtemb., Stuttgart, v. 40, p. 105—128. — Klunzinger, C. B., 1885. Über Bach- und Seeforellen. Ibid., v. 41, p. 266 bis 288. — Klunzinger, C. B., 1892. Bodenseefische, deren Pflege und Fang. Stuttgart, Enke-Verl. — Klunzinger, C. B., 1900. Über Zwergrassen bei Fischen und bei Felchen insbesondere. Jahresh. Ver. Würtemb., Stuttgart, v. 56, p. 519—532. — Klunzinger, C. B., 1903. Gangfisch und Blaufelchen (Coregonus exiguus und C. macrophthalmus). Ibid., v. 59, p. 255—266. — Klunzinger, C. B., 1912. Über die Goldfischarten und ihre künstliche Erzeugung nach Tornier. Ibid., v. 68, p. 96—102. — Knabe, E., 1923. Fortpflanzung des dreistacheligen Stichlings. Wochenschr. Aquar. Terrar., Braunschweig, v. 20, p. 127—128. — Knabl, R., 1947. Fang des Wildkarpfens mit der Sportangel. Allg. Fisch. Zeit., München, v. 72, p. 57—60. — Knauer, F., 1905. Wie orientieren sich die Fische gegen die strömende Umgebung? Bl. Aquar. Terrar., Magdeburg, v. 16, p. 156—158. — Knauthe, K., 1888. Beobachtungen über die Lebenszähigkeit unserer gemeinsten Süßwasserfische. Allg. Fisch. Zeit., München, v. 13, p. 23—24, 55—58. — Knauthe, K., 1890. Einige Wanderer aus der Klasse der Fische. Ibid., v. 15, p. 12—14. — Knauthe, K., 1890. Beobachtungen über das Fortpflanzungsgeschäft der Schmerle. Bl. Aquar. Terrar., Magdeburg, v. 1, p. 159—160. — Knauthe, K., 1891. Meine Erfahrungen über das Verhalten von Amphibien und Fischen gegen die Kälte. Ibid., v. 2, p. 134—137, 143—146. — Knauthe, K., 1891. Über Entwicklungsformen von Gobio fluviatilis. Zool. Anz., v. 14, p. 59—61. — Knauthe, K., 1891. Zur Biologie der Fische. Ibid., v. 14, p. 73—76. — Knauthe, K., 1891. Bastarde von Gobio fluviatilis und Leuciscus phoxinus. Ibid., v. 14, p. 258. — Knauthe, K., 1893. Zwei fortpflanzungsfähige Cyprinidenbastarde. Ibid., v. 16, p. 416—418. — Knauthe, K., 1894. Karschkarpfen und Hecht. Allg. Fisch. Zeit., München, v. 19, p. 310—311. — Knauthe, K., 1894. Laichreife des Moderlieschens. Ibid., v. 19, p. 311. — Knauthe, K., 1894. Eine neue Varietät der Karausche. Ibid., v. 19, p. 424. — Knauthe, K., 1894. Nochmals der Döbel. Ibid., v. 19, p. 436—438. — Knauthe, K., 1895. Ein noch nicht beschriebener Bastard. Ibid., v. 20, p. 279. — Knauthe, K., 1895. Unterschiede der Karpfen-Rassen. Ibid., v. 20, p. 349—350. — Knauthe, K., 1895. Cypriniden-

Bastarde. Zool. Anz., *v.* 18, p. 407. — Knauthe, K., 1895. Zwei fruchtbare Cypriniden-bastarde. Bull. U. S. Fish Comm., Washington, *v.* 14, p. 29—30. — Knauthe, K., 1895. Blend-linge zwischen Bitterling und Rapfenlaube. Zool. Garten, Frankfurt a. Main, *v.* 37, p. 220. — Knauthe, K., 1896. Die deutschen Süßwasserfische. Die Natur, Berlin, *v.* 45, p. 569—571, 577—580. — Knauthe, K., 1896. Zur Biologie der Süsswasserfische. Biol. Centralbl., Leipzig, *v.* 16, p. 410—416. — Knauthe, K., 1901. Gewitter und Fischsterben. Allg. Fisch. Zeit., München, *v.* 26, p. 74—76. — Knauthe, K., 1902. Varietäten des Hechtes. Zool. Garten, Frankfurt a. M., *v.* 43, p. 405. — Knauthe, K., 1903. Degeneration und Bastardbildung bei Fischen. Ibid., *v.* 44, p. 57. — Kner, R., 1864. Einige für die Fauna der österreichischen Süsswasserfische neue Arten. Verh. Ges. Wien, *v.* 14, p. 14, 75—84. — Kner, R., 1865. Über Salmonidenbastarde. Ibid., *v.* 15, p. 199—201. — Koch, W., 1925. Die Geschichte der Binnenfischerei. In: Handb. Binnenfischerei Mitteleuropas v. Demoll u. Maier, *v.* 4, p. 1—160. Stuttgart, Schweizerbart'sche Verlagsbuchh. — Koch, W., 1928. Untersuchungen an Hechten des Bodensees während der Laichzeit. Schweiz. Fisch. Zeit., Zürich, *v.* 36, p. 293 bis 301; Allg. Fisch. Zeit., München, *v.* 53, p. 356—358, 375—378. — Koch, W., 1949. Schleier-schwanzhaltung und Schleierschwanzzucht. Aquar. Terrar. Z., Stuttgart, *v.* 2, p. 138—139. — Koch, W., 1960. Fischzucht. Lehrbuch für Züchter und Teichwirte. Berlin-Dresden, Verl. P. Parey. — Kohaut, R., 1900. Halaink. (Die Fische Ungarns.) In: Halaszat, Budapest, *v.* 1 u. 2. — Köhler, W., 1905. Unsere Barbe. Bl. Aquar. Terrar., Magdeburg, *v.* 16, p. 488. — Köhler, W., 1906. Geschlechtsunterschiede bei Schmerlen. Ibid., *v.* 17, p. 28—29. — Köhler, W., 1906. Vom Schlammbeißer. Ibid., *v.* 17, p. 56—57. — Köhler, A., 1906. Die sagenhaften Luftwanderungen der Aale. Ibid., *v.* 17, p. 132—133. — Köhler, W., Die Goldfischabarten und ihre Zucht. Ibid., *v.* 18, p. 33—36. — Köhler, W., 1907. Unsere einheimischen Süßwasser-fische. Ibid., *v.* 18, p. 109—110, 177, 206—208, 228—229, 368, 418—420, 445—448. — Köhler, W., 1907. Die sogenannten nordamerikanischen Barsche. Ibid., *v.* 18, p. 205—206. — Köhler, W., 1907. Nestbauende Fische, Hochzeitskleider und Darwin. Eine Entgegnung an Adolf K. Kölsch. Ibid., *v.* 18, p. 364—367. — Köhler, W., 1907. Die Hundsfische. Ibid., *v.* 18, p. 453—456. — Koke, O., 1938. Stichlinge. Wochenschr. Aquar. Terrar., Braunschweig, *v.* 35, p. 760. — Koller, L., 1895. Aale im Donaugebiet. Allg. Fisch. Zeit., München, *v.* 20, p. 66. — Koller, O., 1926. Amiurus catus in der Donau bei Wien. Zool. Anz., *v.* 68, p. 175 bis 176. — Koller, O., 1927. Ein albinotischer Wels aus der Donau bei Wien. Ibid., *v.* 69, p. 333. — Koller, O., 1927. Einiges über die Eignung einheimischer Fischarten für das Aqua-rium. Wochenschr. Aquar. Terrar., Braunschweig, *v.* 24, p. 357—359. — Koller, O., 1949. Zur Saiblingsfrage. Allg. Fisch. Zeit., München, *v.* 74, p. 379—380. — Koller, R., 1899. Die Bedeutung der Regenbogenforelle. Mt. österr. Fisch. Ver., Wien, *v.* 19, p. 152—156. — Koller, R., 1899. Über die Bedeutung des Bachsaiblings. Ibid., *v.* 19, p. 173—176. — Koller, R., 1900. Über die Bodenständigkeit der Forelle. Ibid., *v.* 20, p. 42—46. — Koller, R., 1901. Über den Werth der Regenbogenforelle. Ibid., *v.* 21, p. 67—71. — Koller, R., 1901. Die Regenbogen-forelle in Österreich. Allg. Fisch. Zeit., München, *v.* 26, p. 238—241. — Koller, R., 1906. Über die geographische Verbreitung des Huchens. Österr. Fisch. Zeit., Wien, *v.* 4, p. 140—142. — Kopfmüller, J., u. Scheffelt, F., 1925. Blaufelchenlaich und klimatische Faktoren. Schr. Ver. Gesch. Bodensee, Konstanz, *v.* 53, p. 1—100. — Köttl, H., 1905. Zum Kapitel Huchen-zucht. Österr. Fisch. Zeit., Wien, *v.* 2, p. 241—242. — Krafft, C., 1874. Die neuesten Er-hebungen und Zustände der Fischerei in den im Reichsrathe vertretenen Königreiche und Ländern und an den oesterreichisch-ungarischen Meeresküsten. Wien, k. k. Hof- u. Staatsdruck. — Krauß, H., 1921. Fischerwappen und Berufswahrzeichen. Allg. Fisch. Zeit., München, *v.* 47, p. 292—295, 307—311. — Krauß, H., 1922. Die Fische der steirischen Drau und ihres Gebietes. Marburg a. d. Drau. — Krauss, H., 1925. Die Fischerei in Sitte und Brauch. Schweiz. Fisch. Zeit., Zürich, *v.* 33, p. 36—41. — Krauss, H., 1933. Der Drauhuchen, seine Lebensweise, Wanderung und die zu seinem Schutz notwendigen Maßnahmen. Österr. Fisch. Zeit., Wien, *v.* 30, p. 2—4, 11—12, 17—19, 34—35. — Krautzberger, J., 1934. Zeitgemäßer Angelsport im Donaustrom. Ibid., *v.* 31, p. 82—83. — Krefft, G., 1955. Über die Verwendung wissen-schaftlicher Tier- insbesondere Fischnamen in der europäischen Fischliteratur. Arch. Fischwiss., Braunschweig, *v.* 6, p. 1—10. — Kreithuber, J., 1889. Der Goldfisch, dessen Wartung und Pflege. Allg. Fisch. Zeit., München, *v.* 14, p. 139—141. — Krenmayer, L., 1913. Die Aalrutte in Salmonidengewässern und deren Fang. Österr. Fisch. Zeit., Wien, *v.* 10, p. 27. — Krieg, S., 1912. Zum Artikel: Über den Ertrag von Forellengewässern. Ibid., *v.* 9, p. 453—454. — Kriegsmann, F., 1954. Die Bodenseefischerei 1910—53 und das künstliche, durch Abwasser-belastung beschleunigte Altern des Ober- und Untersee. Allg. Fisch. Zeit., München, *v.* 79, p. 232 bis 235. — Kriegsmann, F., 1958. Der Fischbestand des Bodensees als Indikator für Verän-derung des allgemeinen Seereagierens. Münchner Beiträge zur Abwasser-, Fischerei- u. Fluß-biologie, München, *v.* 4, p. 1—100. — Krisch, A., 1901. Der Wiener Fischmarkt. Wien, Verl. K. Gerold u. Sohn. — Kroegeler, H., 1949. Der Jungaal steigt auf. Allg. Fisch. Zeit.,

München, *v.* 74, p. 319—320. — Kronecker, K., 1923. Beiträge zur Biologie des Steinbeissers und des Flußbarsches. Wochenschr. Aquar. Terrar., Braunschweig, *v.* 20, p. 73—76, 232—233, 249—250. — Krüger, P., 1913. Etwas über Forelle und Äsche. Österr. Fisch. Zeit., Wien, *v.* 10, p. 15—16. — Krüger, P., 1921. Die Regenbogenforelle als Stand- und Wanderfisch. Allg. Fisch. Zeit., München, *v.* 47, p. 166. — Kučera, A., 1895. Analytischer Schlüssel zur Bestimmung unserer Süßwasserfische. Brünn, Verl. F. Irrgang. — Kučera, A., 1908. Der Wandertrieb der Forellen. Österr. Fisch. Zeit., Wien, *v.* 5, p. 175—176. — Kučera, A., 1912. Thomas Dubisch und seine Karpfenzuchtmethode. Ibid., *v.* 9, p. 169—170. — Kučera, A., 1912. Die äußeren Geschlechtsmerkmale unserer Süßwasserfische. Ibid., *v.* 9, p. 367—368. — Kucher, W., 1957. Der Fisch und die Fischerei im Leben der Völker. Allg. Fisch. Zeit., München, *v.* 82, p. 26—27, 54—55, 74—75, 92—93, 116—117, 131—133. — Kükenthal, W., u. Krumbach, Th., 1929—35. Handbuch der Zoologie. Eine Naturgeschichte der Stämme des Tierreiches, *v.* 6 (Acrania — Cephalochorda — Cyclostomata — Ichthya — Amphibia). Berlin-Leipzig, Verl. W. de Gruyter. — Kükenthal, W., u. Matthes, E., 1953. Leitfaden für das Zoologische Praktikum. 13. Aufl., Jena, Verl. Fischer. — Kukula, W., 1874. Die Fischfauna Oberösterreichs. Jahresber. Ver. Naturk. Oesterr. o. d. Enns, Linz, *v.* 5, p. 17—25. — Kunkel, W., 1884. Über Existenzbedingungen der Forellen. Bayer. Fisch. Zeit., München, *v.* 9, p. 153 bis 154. — Kunze, R., 1919. Deutsche Fischnamen. Allg. Fisch. Zeit., München, *v.* 44, p. 123. — Kux, Z., 1957. Beitrag zur Kenntnis der Ichthyofauna im Donaugebiet der ČSR. Acta Mus. Morav. Sci. nat. Brno, *v.* 42, p. 67—84. — L., 1904. Die Karausche. Allg. Fisch. Zeit., München, *v.* 29, p. 189—190. — L., 1930. Der Hecht. Bl. Aquar. Terrar., Stuttgart, *v.* 41, p. 76—78. — L., 1932. Vom Wetteraal. Ibid., *v.* 43, p. 4—6. — L., 1940. Vom Weißfisch. Allg. Fisch. Zeit., München, *v.* 65, p. 113—114. — Labonté, H., 1903. Einheimische Aquarienfische und ihre Pflege. Bl. Aquar. Terrar., Magdeburg, *v.* 14, p. 292—294. — Labonté, H., 1904. Der Stichling und seine Zucht. Ibid., *v.* 15, p. 241—245. — Labonté, H., 1905. Beiträge zur Verbreitung und Biologie der drei seltenen Barscharten Aspro streber v. Sieb., A. zingel (L.) und Acerina schraetser (L.) des Donaugebietes. Ibid., *v.* 16, p. 443—448, 456—458, 463—467, 475—477. — Labonté, H., 1908. Über Bastarde von Kaulbarsch und Schrätzer. Ibid., *v.* 10, p. 625—628. — Labonté, H., 1909. Zur Biologie des Strebers (Aspro streber v. Sieb.). Ibid., *v.* 20, p. 523 bis 525. — Lacépède, B. G., 1708—1803. Histoire naturelle des poissons, *v.* 1—5. Paris, Ed. Plassan. — Lacépède, B. G., 1799—1803. Naturgeschichte der Fische als Fortsetzung von Buffons Naturgeschichte, *v.* 1 u. 2. Berlin, Buchhandl. Pauli. — Ladiges, W., 1938. Der Fisch in der Landschaft. Wochenschr. Aquar. Terrar., Braunschweig, *v.* 35, p. 321, 337, 369, 568, 616, 710, 741, 821. — Ladiges, W., 1951—52. Einheimische Süßwasserfische im Aquarium. Aquar. Terrar. Z., Stuttgart, *v.* 4 (1951), p. 177—178, 234—236, 288—291, 315—317; *v.* 5 (1952), p. 35—38, 123—125, 179—180, 258—260. — Ladiges, W., 1951. Der Fisch in der Landschaft. Braunschweig, Verl. Wenzel u. Sohn. — Ladiges, W., 1954. Der Sterlett im Aquarium. Aquar. Terrar. Z., Stuttgart, *v.* 7, p. 200—201. — Ladiges, W., 1955. Gedanken über deutsche Fischnamen. Ibid., *v.* 8, p. 267—268. — Ladiges, W., 1956. Die Aufzucht heimischer Fische. Ibid., *v.* 9, p. 122—123. — Lampert, K., u. Lauterborn, R., 1920. Das Leben der Binnengewässer. Leipzig, Verl. Ch. H. Tauchnitz. — Lang, H., 1932. Der Sonnenfisch (Eupomotis gibbosus L.). Bl. Aquar. Terrar., Stuttgart, *v.* 34, p. 121—122. — Lange, H., 1932. Wie lange können Fische hungern? Wochenschr. Aquar. Terrar., Braunschweig, *v.* 29, p. 539. — Laßleben, P., 1939. Vom Forellenbarsch. Allg. Fisch. Zeit., München, *v.* 64, p. 320. — Laßleben, P., 1951. Fisch und Licht. Ibid., *v.* 76, p. 366, 436—437, 497—498. — Lauterborn, R., 1927. Über das Laichen des Neunauges. Badische Fisch. Zeit., Karlsruhe, *v.* 1, p. 2 bis 3. — Lautner, F., 1954. Der Bitterling als Speisefisch. Aquar. Terrar. Z., Stuttgart, *v.* 7, p. 161. — Lebbin, G., 1936. Fischhandelskunde und Fischwarenindustrie. Wien-Leipzig, Verl. A. Hartleben. — Leber, K. A., 1932. Wie greift der Stichling an? Wochenschr. Aquar. Terrar., Braunschweig, *v.* 29, p. 275—277. — Lebitsch, H., 1930. Der Forellenbarsch. Allg. Fisch. Zeit., München, *v.* 55, p. 48. — Lechler, H., 1929. Untersuchungen über die Reinanke des Attersees. I. u. II. Österr. Fisch. Zeit., Wien, *v.* 26, p. 163, 218—219. — Lechler, H., 1929. Die künstliche Befruchtung in der Seenwirtschaft. Ibid., *v.* 26, p. 178—180. — Lechler, H., 1930. Untersuchungen über den Kröpfling des Attersees. Ibid., *v.* 27, p. 121—123. — Lechler, H., 1930. Untersuchungen über die Reinanke des Mondsees. Ibid., *v.* 27, p. 129—131. — Lechler, H., 1932. Die Fischerträgnisse der Salzkammergutseen. Int. Rev. Hydrob., Leipzig, *v.* 27, p. 323—328. — Lechler, H., 1933. Der Hecht in Renkenseen. Österr. Fisch. Zeit., Wien, *v.* 30, p. 59—62. — Lechler, H., 1934. Einiges über die Laichgewinnung bei Edelfischen. Ibid., *v.* 31, p. 89—90. — Lechler, H., 1935. Über die grundsätzliche Bedeutung der Wachstumskräfte bei Fischen. Allg. Fisch. Zeit., München, *v.* 60, p. 3—5. — Lechler, H., 1937. Länge und Umfang. Ibid., *v.* 62, p. 81—84. — Lechler, H., 1941. Die Fischerei in der Ostmark (Österreich). Ibid., *v.* 66, p. 148—150, 163—165. — Lederer, K., 1940. Der Karpfen. Wochenschr. Aquar. Terrar., Braunschweig, *v.* 37, p. 345—347. — Lehmann, E., 1958. Moderlieschen.

Aquar. Terrar. Z., Stuttgart, v. 11, p. 15—16. — Lehmann, E., 1958. Hundsfische aus dem Neusiedler See. Aquar. Terrar. Z., Stuttgart, v. 11, p. 103—104. — Leide, J., 1907. Ein Bild der Marchfischerei. Österr. Fisch. Zeit., Wien, v. 4, p. 146. — Leide, J., 1908. Der Karpfen und sein Fang. Ibid., v. 5, p. 162—163. — Leiner, M., 1930—32. Ökologische Studien an Gasterosteus aculeatus. Z. Morph. Ökol. Tiere, Berlin, v. 14 (1930), p. 360—399; v. 16 (1932), p. 499 bis 540. — Leitner-Lörn, A., 1927. Der Fang starker Forellen und Äschen. Allg. Fisch. Zeit., München, v. 52, p. 310—311. — Lelek, A., u. Libowarski, J., 1959. Ichthyologische Bemerkungen über das Thaya-Überschwemmungsgebiet. Zool. Listy (Folia Zool.), Praha, v. 8 (22), p. 20—32. — Leonhardt, E., 1902. Der gemeine Flußaal. Stuttgart, Verl. E. Schweizerbart. — Leonhardt, E., 1904. Die Bastarde der deutschen karpfenähnlichen Fische. Neudamm, Verl. J. Neumann. — Leonhardt, E., 1906. Der Karpfen. Geschichte, Naturgeschichte und wirtschaftliche Bedeutung unseres wichtigsten Zuchtfisches. Neudamm, Verl. J. Neumann. — Leonhardt, E., 1913. Der Fisch, sein Körper und Leben. Stuttgart, Verl. Strecker u. Schröder. — Lenz, F., 1954. Neues von der Edelmaräne. Arch. Fisch. Wiss., Hamburg, v. 5, p. 81—89. — Lesueur, O. A., 1819. Notice sur quelques poissons découverts dans les lacs du haut Canada, durant l'été de 1816. Mém. Mus. Paris, v. 5, p. 148—161. — Leuckardt, R., 1882. Über Bastardfische. Berlin, Nicolaische Verlagsbuchh. — Leyhausen, P., 1949. Kennen Fische sich persönlich? Aquar. Terrar. Z., Stuttgart, v. 2, p. 130—131. — Libowarski, J., 1957. On the ecology and reproduction of the stoan-loach (Nemachilus barbatulus L.). Zool. listy (Folia Zool.), Praha, v. 6 (20), p. 367—388. — Lichtenfelt, H., 1906. Literatur zur Fischkunde. Bonn, Verl. Martin Hager. — Liebig, Th., 1913. Vom Zwergwels. Bl. Aquar. Terrar., Stuttgart, v. 24, p. 449—452. — Liebig, Th., 1914. Ein Fall von beinahe gänzlicher Schuppenlosigkeit bei der Zährte (Abramis vimba L.). Wochenschr. Aquar. Terrar., Braunschweig, v. 11, p. 401—402. — Liebmann, H., 1951. Handbuch der Frischwasser- und Abwasserbiologie. München, Verl. R. Oldenbourg. — Lieder, U., 1956. Neues vom Giebel. Österr. Fischerei, Wien, v. 9, p. 21. — Liemberger, J., 1905. Die schottische Forelle. Österr. Fisch. Zeit., Wien, v. 2, p. 224. — Liepolt, R., 1937. Zur Ertragsfähigkeit unserer Alpenseen. Ibid., v. 34, p. 102—103. — Liepolt, R., 1939. Zum Laichverhalten einiger Salmoniden. Ibid., v. 36, p. 5—6. — Liepolt, R., 1941. Die Forellenzucht in der Ostmark (Österreich). Allg. Fisch. Zeit., München, v. 66, p. 74—76, 83—85. — Liepolt, R., 1954. Lebensraum und Lebensgemeinschaft des Liesingbaches. In: „Wetter und Leben", Sonderheft 2 der Beiträge zur Limnologie der Wienerwaldbäche, Wien, p. 64—102. — Lietmann, K., 1925. Das richtige Besetzen der Salmonidengewässer und die intensive Brutpflege in denselben. Allg. Fisch. Zeit., München, v. 50, p. 200—202. — Lietmann, K., 1948. Zum Kapitel Regenbogenforelle. Ibid., v. 73, p. 149. — Lietmann, K., 1957. Nur Zuwachsleistung oder auch Fleischwertzuwachs beim Karpfen. Ibid., v. 82, p. 108—110. — Lietmann, K., 1957. Schuppen-, Spiegel- und Lederkarpfen, wirtschaftlich, sportlich und kulinarisch betrachtet. Ibid., v. 82, p. 224—225. — Linné, C., 1758. Systema Naturae per Regna tria Naturae secundum Classes, Ordines, Genera, Species, cum Characteribus, Differentiis, Synonymis, Locis, Holmiae. v. 1, p. 824, ed. X, Druck. Laurentii Salvii. — Locard, A., 1891. La pêche et les poissons des eaux douces. Paris, Verl. Bailère. — Lochner v. Hüttenbach, K., 1893. Zur Erbrütung von Coregonen. Allg. Fisch. Zeit., München, v. 18, p. 59—60. — Lochner v. Hüttenbach, K., 1897. Vom Felchenfang im Bodensee. Ibid., v. 22, p. 23—25. — Lochner v. Hüttenbach, K., 1898. Felchenerbrütung im Bodensee. Ibid., v. 23, p. 83. — Lochner v. Hüttenbach, K., 1899. Vom Bodensee. Ibid., v. 24, p. 148. — Lode, L., 1890. Schwarze Forellen. Mt. österr. Fisch. Ver., Wien, v. 10, p. 12—13. — Lörn, A., 1919. Allerhand vom Wels. Österr. Fisch. Zeit., Wien, v. 16, p. 31. — Lovetzky, A., 1828. Sur les espèces du genre esturgeon aux eaux de l'empire Russe. Nov. Mag. Jest. Istorii, Moskwa, v. 2, p. 78; Bull. Sci. Nat. (Férussac), Paris, v. 23, p. 131—134. — Lubosch, W., 1902. Einige Mitteilungen über Vorkommen, Fang und Zucht der Neunaugen. Z. Fisch. Charlottenburg, v. 9, p. 130—144. — Lüdemann, D., 1955. Fische. In: Sammlung Göschen, v. 356. Berlin, Verl. W. Gruyter. — Luft, E., 1928. Pflege der Teichforelle in stehendem Wasser. Wochenschr. Aquar. Terrar., Braunschweig, v. 25, p. 517—518. — Lukatis-Harrer, K., 1910. Kennt der Fisch sein Wohngewässer? Allg. Fisch. Zeit., München, v. 33, p. 330—331. — Lüling, K. H., 1951. Einige Bemerkungen über Fischbastarde, besondere über die Tigerforelle. Ibid., v. 76, p. 136; Aquar. Terrar. Z., Stuttgart, v. 4, p. 163. — Lüling, K. H., 1955. Über Altersuntersuchungen an Schuppen und Gleichgewichtssteinchen der Fische. Aquar. Terrar. Z., Stuttgart, v. 9, p. 10—15. — Lundbeck, J., 1929. Zuwanderer und Flüchtlinge in unserer Süßwasserfauna. Wochenschr. Aquar. Terrar., Braunschweig, v. 26, p. 5—8, 21—23. — Lundbeck, J., 1929. Die Forelle. Ibid., v. 26, p. 170—171. — Lundbeck, J., 1954. Gedanken zur Frage der Bildung und Veränderung natürlicher und genutzter Tierbestände, insbesondere vom Standpunkt der praktischen Fischerei. Arch. Hydrob., v. 49, p. 225—257. — Lundbeck, J., 1957. Fischkunde für jedermann. Hamburg, Grüner Verl. — Lunel, G., 1879. Observations sur quelques Gasterosteidés et sur la variabilité des caractères distinctifs attribués aux poissons de cette familie. Mém. Soc. Saône et Loire, Maçon, v. 4, p. 147—168. — M., 1914. Zur Haltung des Schlammbeißers. Wochenschr. Aquar. Terrar., Braunschweig, v. 11, p. 476. — M., 1958. Die Forelle und ihr Fang. (Ein Bericht aus dem Jahre 1873.) Allg. Fisch. Zeit., München, v. 83, p. 471. — Mc Kay, Ch. L., 1881. A review of genera and species of the family Centrarchidae, with a description of one new species. P. U. S. Mus., v. 4, p. 87—93. — Mc Laren, M., 1957. Wenn die Rolle singt. Erinnerungen eines Sportfischers. Rüschlikon-Zürich, Verl. A. Müller. — Maier, H. N., 1910. Biologische Beobachtungen an Blaufelchen im Bodensee während der Laichzeit 1909. Allg. Fisch. Zeit., München, v. 35, p. 5—9. — Maier, H. N., 1914—15. Über die Bewirtschaftung fließender Gewässer. Ibid., v. 39 (1914), p. 29—32, 114 bis 117, 173—175, 226—229, 422—424, 452—453; v. 40 (1915), p. 3—5, 34—37, 114—117, 161—165, 223—225, 303—307. — Maier, H. N., 1914. Verdrängung minderwertiger Süßwasserfische durch hochwertige. Ibid., v. 39, p. 307—309. — Man, H., 1957. Fliegenfischen leicht gemacht. Rüschlikon-Zürich, Verl. A. Müller. — Mankowski, H., 1906. Ukelei. Österr. Fisch. Zeit., Wien, v. 3, p. 138—139. — Mann, H., 1936. Wie verwertet der Fisch seine Nahrung? Wochenschr. Aquar. Terrar., Braunschweig, v. 33, p. 786—788. — Mannheim, L., 1931. Drei „Einheimische". Bl. Aquar. Terrar., Stuttgart, v. 42, p. 167—170. — Margreiter, H., 1931. Wie sucht und findet der Fisch seine Nahrung? Innsbruck, Selbstverl. Tirol. Landes-Fischereiver. — Margreiter, H., 1931. Die Fischereiwirtschaft Tirols. (Der Dienst des praktischen Fischerei-Sachverständigen.) Innsbruck, Ibid. — Margreiter, H., 1933. Die Fische Tirols und Vorarlbergs. Innsbruck, v. 1—3, Ibid. — Margreiter, H., 1937. Der Silberblitz und anderes vom Äschen. Österr. Fisch. Zeit., Wien, v. 34, p. 18—22, 28. — Margreiter, H., 1939. Der Silbersaibling und anderes vom Seesaibling. Schweiz. Fisch. Zeit., Zürich, v. 47, p. 231—233. — Margreiter, H., 1952. Mindestmaß und Lebensalter der Äschen. Allg. Fisch. Zeit., v. 77, p. 42—44. — Marherr, A., 1936. Junge Aalraupen oder Quappen (Lota lota L.) im Aquarium nebst Bemerkungen über Freileben und Fang derselben. Bl. Aquar. Terrar., Stuttgart, v. 47, p. 265—267. — Marinelli, W. v., u. Strenger, A., 1954. Vergleichende Anatomie und Morphologie der Wirbeltiere. Wien, Franz Deuticke, v. 1, Lfg. 1 u. 2. — Marré, E., 1910. Zuchtwahl und Fischzucht. Bl. Aquar. Terrar., Stuttgart, v. 21, p. 199—200, 217—218. — Marré, E., 1910. Das Bestimmen der Fische. Ibid., v. 21, p. 381—382, 397—398. — Marsson, M., 1897. Die Centrarchiden oder Sonnenfische. Ibid., v. 8, p. 245—247. — Martell, P., 1916. Die Forelle. Wochenschr. Aquar. Terrar., Braunschweig, v. 13, p. 21—23. — Martell, P., 1927. Zur Naturgeschichte des Flusses. Schweiz. Fisch. Zeit., Zürich, v. 35, p. 6—10. — Martell, P., 1935. Winterschlaf der Fische. Ibid. v. 43, p. 299—303. — Mast, H., 1916. Einiges über die Eizahl bei Fischen. Allg. Fisch. Zeit., München, v. 41, p. 255—260. — Mast, H., 1921. Forellenzucht. Ibid., v. 47, p. 129—131. — Mast, H., 1937. Die Felchenfänge im Bodensee. Ibid., v. 62, p. 258—260. — Mast, H., 1937. Die Fischfänge im Bodensee. Ibid., v. 62, p. 274—277. — Mast, H., 1939. Hechtzuchtversuche. Ibid., v. 64, p. 89—94. — Mathes, E., 1924. Können Fische riechen? Wochenschr. Aquar. Terrar., Braunschweig, v. 21, p. 773—776. — Mathes, E., 1951. Die schwäbische Donau. Einst und jetzt. Allg. Fisch. Zeit., München, v. 76, p. 166. — Mayer, A., 1882. Die Laichzeit der Huchen in Oberösterreich. Mt. österr. Fisch. Ver., Wien, v. 2, p. 69—70. — Mayer, A., 1884. Über das Auslaichen des Huchens. Bayer. Fisch. Zeit., München, v. 9, p. 318—319. — Mayr, M., 1901. Das Fischereibuch des Kaisers Maximilian. Innsbruck, Wagner'sche Universitätsbuchh. — Mayr, E., 1946. Das A-B-C- der Teichwirtschaft. Allg. Fisch. Zeit., München, v. 71, p. 2—6. — Meek, A., 1916. The Migrations of fishes. London, Ed. Arnold. — Mehring, H., 1934. Karpfenzucht. In: Handbuch der Binnenfischerei Mitteleuropas von Demoll u. Maier. Stuttgart, v. 4, p. 349—406. — Meisriemler, S., 1955. Vergleichende Beobachtungen über das Verhalten von Bach- und Regenbogenforellen in Teichen und im Wildwasser. Österr. Fischerei, Wien, v. 8, p. 53. — Meißner, G., 1912. Warum wir Fische angeln können. Allg. Fisch. Zeit., München, v. 37, p. 319—322. — Meixner, H., 1915. Vom Schlammpeitzker. Wochenschr. Aquar. Terrar., Braunschweig, v. 12, p. 265—267. — Meixner, H., 1916. Einiges über die wichtigsten Fischfeinde. Ibid., v. 13, p. 46—49, 60—63, 70—71. — Menges, G., 1942. Einheimische Fische als wissenschaftliche Versuchstiere. Ibid., v. 39, p. 288—295. — Menges, G., 1949. Einiges über die Fortpflanzung unserer einheimischen Fische. Ibid., v. 74, p. 10. — Meringer, J., 1932. Beobachtungen am heimischen Hecht in der Gefangenschaft. Österr. Fisch. Zeit., Wien, v. 29, p. 9—10. — Merk-Buchberg, M., 1917. Der Huchen. Wochenschr. Aquar. Terrar., Braunschweig, v. 14, p. 401—402. — Merk-Buchberg, M., 1918. Die Schleie. Ibid., v. 10, p. 86—87. — Merwald, L., 1950. Steckerl-Fische. Österr. Fischerei, Wien, v. 3, p. 221—223. — Merwald, F., 1951. Der Zander. Allg. Fisch. Zeit., München, v. 76, p. 502. — Merwald, F., 1954. Hechtenzeit. Österr. Fischerei, Wien, v. 7, p. 144—145. — Merwald, F., 1960. Der Steyregger Graben und seine Fischwelt. Naturk. Jahrb. Linz, v. 6, p. 311—326. — Messany, A. F., 1949. Aus der Heimat der Regenbogenforelle. Österr. Fischerei, Wien, v. 2, p. 14—16. — Messany, A. F., 1949. Kapitale Forellen in heimischen

Gewässern. Ibid., *v.* 2, p. 274—275. — Metzger, A., 1895. Über Irrtümer, Mißverständnisse, Fischerlatein und ähnliche Dinge aus dem Gebiet der Fischkunde und des Fischereiwesens. Abh. Ber. Ver. Naturkunde, Kassel, *v.* 40, p. 1—10. — Metzger, G., 1939. Der Aitel. Allg. Fisch. Zeit., München, *v.* 64, p. 137—143. — Metzger, G., 1940. Der amerikanische Saibling. Ibid., *v.* 65, p. 29—31. — Meyer, P. F., u. Kühl, H., 1953. Welche Milieu-Faktoren spielen beim Glasaalaufstieg eine Rolle? Arch. Fisch. Wiss., Hamburg, *v.* 4, p. 87—94. — Michow, A., 1905. Über Barben. Bl. Aquar. Terrar., Magdeburg, *v.* 16, p. 46—48, 54—56. — Micoletzky, H., 1909. Zur Kenntnis des Faistenauer Hintersees bei Salzburg mit besonderer Berücksichtigung faunistischer und fischereilicher Verhältnisse. Int. Rev. Hydrob., *v.* 3, p. 506—542. — Micoletzky, H., 1912. Zur Frage der Wiederbesetzung des Zellersees im Pinzgau mit Coregonen. Österr. Fisch. Zeit., Wien, *v.* 9, p. 193—194. — Mihaly, F., 1954. Revision der Süßwasserfische von Ungarn und der angrenzenden Gebiete in der Sammlung des Ungarischen Naturwissenschaftlichen Museums. Ann. Mus. Hungar., Budapest, *v.* 5, p. 433—456. — Mika, F., u. Breuer, G., 1928. Die Fische und Fischerei des ungarischen Fertö (Neusiedlersee). Arb. Ungar. Biol. Forsch. Inst., Tihany, *v.* 2, p. 104—131. — Mika, F., u. Varga, L., 1937. Die jüngsten Katastrophen des Neusiedler Sees und ihre Einwirkung auf den Fischbestand des Sees. Arch. Hydrob., *v.* 31, p. 527—546. — Mika, F., u. Varga, L., 1940. Gobius marmoratus Pall. in Ungarn und Nachbargebieten. Int. Rev. Hydrob., *v.* 40, p. 368—379. — Mikocki, L., 1930. Fischereigewerbe im alten Wien. Österr. Fisch. Zeit., Wien, *v.* 27, p. 107—108. — Mikocki, L., 1930. Der Fisch als Orts- und Hausname im alten Wien. Ibid., *v.* 27, p. 114—116. — Mikocki, L., 1930. Die Fischerinnung im alten Wien. Ibid., *v.* 27, p. 123—124. — Mikocki, L., 1930. Fischerordnungen im alten Wien. Ibid., *v.* 27, p. 155—157. — Mikocki, L., 1931. Der Fisch als Fastenspeise. Ibid., *v.* 28, p. 161—162. — Mikocki, L., 1932. Das altchristliche Fischsymbol. Ibid., *v.* 29, p. 45—47, 53—54. — Milborn, M., 1892. Zur Fischereigesetzgebung in Oberösterreich. Allg. Fisch. Zeit., Wien, *v.* 17, p. 187—190, 197—201. — Milewski, A., 1912. Über das Entstehen der Goldfischrassen. Eine experimentelle Betrachtung. Wochenschr. Aquar. Terrar., Braunschweig, *v.* 9, p. 428—431. — Milewski, A., 1914. Aus dem Leben der Quappe (Lota lota L.). Ibid., *v.* 11, p. 237—240. — Milewski, A., 1915. Vom Sommerschlaf der Fische. Ibid., *v.* 12, p. 357—358. — Milewski, A., 1916. Der Riesenwels. Ibid., *v.* 13, p. 143—145. — Milewski, A., 1920. Schlafen auch Fische? Ibid., *v.* 17, p. 128—129, 145—146. — Misik, V., 1958. Forellenbarsch in der Donau. Biologia, Bratislava, *v.* 13, p. 219—222. — Misik, V., 1958. Biometrika Dunajskeho kapra (Cyprinus carpio carpio L.) z dunajského systemu na Slovensku. Biologické práce, Praha, *v.* 4 (6), p. 55—125. — Mitchill, S. L., 1815. The fishes of New York, described and arranged. Tr. Lit. Phil. Soc., New York, *v.* 1, p. 355—492. — Mitis, H. v., 1938. Die Ybbs als Typus eines ostalpinen Kalkalpenflusses. Int. Rev. Hydrob., *v.* 37, p. 425—455. — Mittelbach, F., 1885. Fischereiverhältnisse in Kärnten. Bayer. Fisch. Zeit., München, *v.* 20, p. 102—103. — Mohr, E., 1916. Über Altersbestimmung und Wachstum beim Zander. Z. Fisch. Hilfsw., Berlin, *v.* 24, p. 1—10. — Mohr, E., 1923. Beiträge zur Naturgeschichte des Barsches und des Kaulbarsches. Mt. Mus. Hamburg, *v.* 40, p. 16—32. — Mohr, E., 1940. Die Hundsfischarten der Gattung Umbra Kramer. Zool. Anz., *v.* 132, p. 1—10. — Mohr, E., 1957. Der Wels. In: Neue Brehm-Bücherei, Wittenberg a. d. Elbe, *v.* 209, p. 1—42. — Mojsisovics, A., 1893. Bemerkungen zur ichthyologischen Literatur des Donaugebietes. Mt. österr. Fisch. Ver., Wien, *v.* 13, p. 11—12. — Mojsisovics, A., 1893. Über eine auffällige neue Varietät des Acipenser ruthenus L. SB. Ak. Wien, math.-naturw. Cl., *v.* 101, p. 328—330. — Monkenbeck, F., 1892. Fischereihistorisches. Allg. Fisch. Zeit., München, *v.* 17, p. 12—13. — Mühlen, M., 1903. Barsch und Zander. Mt. österr. Fisch. Ver., Wien, *v.* 23, p. 10—14. — Mühlen, M., 1906. Das Werden und Vergehen unserer Landseen. Allg. Fisch. Zeit., München, *v.* 31, p. 142 bis 146. — Müller, H., 1900. Der Sterlett als Teichfisch. Ibid., *v.* 25, p. 457—458. — Müller, K., 1948. Vom weidgerechten Huchenfang. Österr. Fischerei, Wien, *v.* 1, p. 64—67. — Müller, K., 1948. Salmoniden in unseren Bächen. Ibid., *v.* 1, p. 91—94. — Müller, K., 1948. Köderfische. Ibid., *v.* 1, p. 121—125. — Müller, K., 1948. Wo sind die Aale? Ibid., *v.* 1, p. 156. — Müller, K., 1948. Vom Wandern der Fische. Ibid., *v.* 1, p. 186—187. — Müller, K., 1948. Eigenheiten des Schuppenwildes. Ibid., *v.* 1, p. 200—202. — Müller, K., 1948. Die Groppe. Ibid., *v.* 1, p. 224—228. — Müller, K., 1949. Die Laichzeiten der wichtigsten einheimischen Fische. Ibid., *v.* 2, p. 156—158. — Müller, K., 1950. Der Schill. Ibid., *v.* 3, p. 223—226. — Müller, K., 1952. Vom Aitel. Ibid., *v.* 5, p. 153—154. — Müller, K., 1953. An der Rodl. Ibid., *v.* 6, p. 123—124. — Müller, K., 1953. Zur Artbildung bei der Bachforelle. Arch. Hydrob., *v.* 48, p. 191—196. — Müller, S., 1926. Unser Stichling. Pflege und Zucht. Wochenschr. Aquar. Terrar., Braunschweig, *v.* 23, p. 777—779. — Müller, W., 1954. Nimmt der Raubfisch, insbesondere der Hecht, in der Gefangenschaft Nahrung zu sich? Allg. Fisch. Zeit., München, *v.* 79, p. 41—43. — Mulsow, K., 1912. Der Farbensinn der Fische. Ibid., *v.* 37, p. 402 bis 404. — Mulsow, K., 1913. Das Hochzeitskleid der Fische. Ibid., *v.* 38, p. 622—624. — Mulsow, K., 1914. Die Geschlechtsverteilung bei Fischen. Ibid., *v.* 39, p. 33—34, 203—204. —

Münch, H., 1953. Groppen im Aquarium. Aquar. Terrar. Z., Stuttgart, v. 6, p. 69—70. — Murlett, H., 1906. Der Goldfisch, seine Arten, seine systematische Pflege und Zucht im Zimmer und im Freien. Allg. Fisch. Zeit., München, v. 31, p. 341. — Mußeleck, G., 1902. Die Regenbogenforelle. Köln, Selbstverl. des Fischschutzver. Cöln. — Nadaut, J., Bourgeois, M., Perche, G., et Vivier, P., 1957. La Pêche. Paris, Ed. Libraire Larousse. — Naegelé, A., 1913—14. Über Fischarten in der oberen Donau vor vierhundert Jahren. Allg. Fisch. Zeit., München, v. 38 (1913), p. 604—605; v. 39 (1914), p. 36—37, 70. — Naegelé, A., 1919. Fisch und Fischerei in Sprichwort und Volksmund. Ibid., v. 44, p. 109—112. — Naegelé, A., 1920. Allerlei vom Fischfang der Alten. Ibid., v. 45, p. 10—12. — Naumann, J., 1937. Taschenbuch für Fischer und Teichwirte. Neudamm, Verl. J. Neumann. — Naumann, J., 1952. Bodenseefischerei, einst und jetzt. Österr. Fischerei, Wien, v. 5, p. 222—223. — Nawratil, O., 1952. Zur Frage der Laichzeit des Hechtes im Neusiedlersee. Ibid., v. 5, p. 5—7. — Nawratil, O., 1953. Zur Biologie des Hechtes im Neusiedlersee und im Attersee. Mit besonderer Berücksichtigung der Wachstumsgeschwindigkeiten. Österr. Zool. Z., Wien, v. 4, p. 489—530. — Nawratil, O., 1953. Die Laichzeit 1952 des Neusiedlersee-Hechtes. Österr. Fischerei, Wien, v. 6, p. 6—7. — Nawratil, O., 1953. Erbrütungsversuche mit Laiche von Hechten aus dem Neusiedlersee. Ibid., v. 6, p. 53—54. — Nawratil, O., 1953. Fischereibiologisches und Fischereiwirtschaftliches vom Neusiedlersee. Ibid., v. 6, p. 101—103. — Nehring, A., 1904. Über die geographische Verbreitung des Pelecus cultratus L. in Deutschland. SB. Ges. Fr. Berlin, v. 45, p. 43—45. — Nenning, St., 1834. Die Fische des Bodensees nach ihrer äußeren Erscheinung. Konstanz, Verl. C. Glückher. — Neresheimer, E., 1908. Die Bodenrenke als Raubfisch. Allg. Fisch. Zeit., München, v. 33, p. 372—373. — Neresheimer, E., 1908. Über den Nachweis der Blutsverwandtschaft bei Fischen durch die Serumdiagnose. Ibid., v. 33, p. 542—544. — Neresheimer, E., 1909. Der Tierkörper. Seine Form und sein Bau unter dem Einfluß der äußeren Daseinsbedingungen. Leipzig, Verl. Quelle u. Meyer. — Neresheimer, E., 1914. Grassis neue Arbeit über die Fortpflanzung des Aals und seiner Verwandten. Allg. Fisch. Zeit., München, v. 39, p. 464—467. — Neresheimer, E., 1915. Neuere Untersuchungen über das Wachstum des Aales. Ibid., v. 40, p. 6—7. — Neresheimer, E., 1916. Besprechung von „Neue Beiträge zu der Frage nach dem Alter und Wachstum des Aales von Dr. H. Wundsch". Ibid., v. 41, p. 292—294. — Neresheimer, E., 1919. Bericht über die biologische Untersuchung des Attersees im Juni und Juli 1919. Österr. Fisch. Zeit., Wien, v. 16, p. 126—129. — Neresheimer, E., 1920. Bericht über den Seekirchner See. Ibid., v. 17, p. 25—27. — Neresheimer, E., 1920. Gutachten über die zukünftige fischereiliche Bewirtschaftung des Zeller Sees im Pinzgau. Ibid., v. 17, p. 69—70, 77—78. — Neresheimer, E., 1923. Die Fische, Lurche und Kriechtiere. Wiesbaden, Verl. Pestalozzi. — Neresheimer, E., 1925. Roger und Milchner. Österr. Fisch. Zeit., Wien, v. 22, p. 16—19, 66—68, 74—76. — Neresheimer, E., 1925. Künstliche Weißfischzucht. Ibid., v. 22, p. 58—59. — Neresheimer, E., 1926. Kluge und dumme Fische. Ibid., v. 23, p. 77—79. — Neresheimer, E., 1927. Der Hecht und die Bewirtschaftung unserer größeren Seen. Ibid., v. 24, p. 199—200. — Neresheimer, E., 1928. Neue Beobachtung am Stichling. Ibid., v. 25, p. 177—178. — Neresheimer, E., 1929. Etwas über die künstliche Zucht des Zanders. Ibid, v. 26, p. 17—18. — Neresheimer, E., 1930. Fische und Fischerei in Österreich. Schweiz. Fisch. Zeit., Zürich, v. 38, p. 144—152, 170—174. — Neresheimer, E., 1931. Der Flußaal. Österr. Fisch. Zeit., Wien, v. 28, p. 73—75, 81—82, 89—91, 97—99, 105—107. — Neresheimer, E., 1932. Die Seeforelle. Schweiz. Fisch. Zeit., Zürich, v. 40, p. 230—237. — Neresheimer, E., 1932. Sport, Wirtschaft und Wissenschaft in der Fischerei. Österr. Fisch. Zeit., Wien, v. 29, p. 2—3. — Neresheimer, E., 1932. Vom Fischessen in alter und neuer Zeit. Ibid., v. 29, p. 18—20, 26—27, 39—40. — Neresheimer, E., 1937. Die Lachsartigen (Salmonidae). In: Handb. Binnenfischerei Mitteleuropas v. Demoll u. Maier, Stuttgart, v. 3, p. 219—370. — Neresheimer, E., 1937. Neues über die Seeforelle? Schweiz. Fisch. Zeit., Zürich, v. 45, p. 90—93. — Neresheimer, E., 1938. Ostmärkische Salmonidenfragen. Int. Rev. Hydrob., v. 37, p. 456—462. — Neresheimer, E., 1950. Der Karpfen. Österr. Fischerei, Wien, v. 3, p. 87—89, 114—115. — Neresheimer, E., Koch, W., Maier, H. N., Mast, H., Schweizer, W., Smolian, K., u. Surbeck, G., 1931. Der Blaufelchenbestand des Bodensees und die künstliche Fischzucht. Schweiz. Fisch. Zeit., Zürich, v. 39, p. 212—218. — Neresheimer, E., u. Ruttner, F., 1928. Eine fischereibiologische Untersuchung am Traunsee. Z. Fisch. Hilfsw., Berlin, v. 26, p. 537—564. — Neresheimer, E., u. Ruttner, F., 1929. Der Einfluß der Abwässer des Magnesitwerkes in Radenthein auf den Chemismus, die Biologie und die Fischerei des Millstättersees. Ibid., v. 27, p. 10—20. — Neu, W., 1935. Hydromechanische Untersuchungen an Fischen zur Lösung des Formproblems. Int. Rev. Hydrob., v. 32, p. 295—315. — Neuber, W., 1927. Ellritzen-Hochzeit. Wochenschr. Aquar. Terrar., Braunschweig, v. 24, p. 243—244. — Neunzig, R., 1922. Salmoniden in der Gefangenschaft. Bl. Aquar. Terrar., Stuttgart, v. 33, p. 322—328. — Neunzig, R., 1922. Junge Quappen und anderes. Wochenschr. Aquar. Terrar., Braunschweig, v. 19, p. 496—497. —

Nickel, W., 1936. Forellen im Aquarium. Ibid., *v.* 33, p. 33, 289—291. — Nicolai, A., 1935. Äschen. Schweiz. Fisch. Zeit., Zürich, *v.* 43, p. 183—188. — Niederer, G., 1927. Die österreichische Bodenseefischerei. Österr. Fisch. Zeit., Wien, *v.* 24, p. 181—182, 197—199, 205—207, 213—215, 221—223. — Niederer, G., 1927. Wie früher im Rhein oberhalb des Bodensees gefischt wurde. Schweiz. Fisch. Zeit., Zürich, *v.* 35, p. 320—322. — Niklitschek, A., 1942. Massensterben von Karauschen. Wochenschr. Aquar. Terrar., Braunschweig, *v.* 39, p. 197. — Nikolski, G. W., 1957. Spezielle Fischkunde. Berlin, Deutscher Verl. d. Wissensch. — Nitsche, H., 1886. Der Flußaal. Allg. Fisch. Zeit., München, *v.* 11, p. 137—138. — Nitsche, H., Hein, F., u. Röhler, E., 1932. Die Süßwasserfische Deutschlands. Berlin, Verl. d. Deutschen Fischereiver. — Norman, J. R., 1947. A History of the Fishes. London, E. Benn. — Nowak, A., 1906. Fischfärbung und -anpassung. Österr. Fisch. Zeit., Wien, *v.* 3, p. 324—325. — Nowicki, M., 1883. Natürliche und künstliche Zanderzucht in Seen und Teichen. Allg. Fisch. Zeit., München, *v.* 8, p. 93—95. — Nowicki, M., 1888. Verbreitung der Fische und Fischereireviere. Mt. österr. Fisch. Ver., Wien, *v.* 8, p. 97—99. — Nühring, H., 1928. Meine Stichlingsaquarien. Wochenschr. Aquar. Terrar., Braunschweig, *v.* 25, p. 17—18. — Nümann, W., 1947. Ergebnisse in der Blaufelchenfischerei am Bodensee nach dem Kriege. Allg. Fisch. Zeit., München, *v.* 72, p. 185—192. — Nümann, W., 1947. Artbildungsvorgänge bei Forellen (Salmo lacustris und S. carpio). Biol. Centralbl., *v.* 66, p. 77—81. — Nümann, W., 1949. Altes und Neues über die Erbrütung von Felcheneiern. Allg. Fisch. Zeit., München, *v.* 74, p. 497—498. — Nümann, W., 1950. Die alljährliche Verlagerung der Blaufelchenfangplätze vom östlichen in den westlichen Teil des Bodensees. Arch. Fisch. Wiss., Braunschweig, *v.* 2, p. 144—154. — Nümann, W., 1953. Artanalysen an Salmo lacustris und Salmo carpio mit Wachstumsuntersuchungen. Z. Fisch., Berlin, *v.* 2, p. 271—316. — Nümann, W., 1958. Vorläufiger Bericht über das stark veränderte Wachstum der Blaufelchen im Bodensee und Versuch einer Fangprognose für 1958. Allg. Fisch. Zeit., München, *v.* 83, p. 88—91. — Nümann, W., 1959. Das Wachstum der Blaufelchen und seine Berechnung. Arch. Fisch. Braunschweig, *v.* 10, p. 5—19. — Nüsslin, O., 1882. Beiträge zur Kenntnis der Coregonus-Arten des Bodensees und einiger anderer nahegelegener nordalpiner Seen. Zool. Anz., *v.* 5, p. 86—92, 106—111, 130—135, 164 bis 168, 182—189, 207—212, 253—258, 279—282, 302—306. — Nüsslin, O., 1882. Die Fischereiverhältnisse am Bodensee, mit Rücksicht auf die Interessenfragen der Fischer. D. Fisch. Zeit., Stettin, *v.* 4, p. 8—9. — Nüsslin, O., 1884. Über das Wesen der Species bei den nordalpinen Coregonen. Amtl. Ber. 56. Versammlg. D. Naturf. u. Ärzte, Freiburg i. Breisgau, *v.* 1, p. 113—116. — Nüsslin, O., 1891. Über Unterschiede bei Coregonenarten und deren Bedeutung für Theorie und Praxis. Allg. Fisch. Zeit., München, *v.* 16, p. 45—47. — Nüsslin, O., 1901. Zur Gangfischfrage. Ibid., *v.* 26, p. 260—264, 277—284. — Nüsslin, O., 1901. Über den Gangfisch des Bodensees und sein Verhältnis zum Blaufelchen. Mt. Badisch. Zool. Ver., Karlsruhe, *v.* 13, p. 1—16. — Nüsslin, O., 1903. Artberechtigung des Gangfisches. Zool. Anz., *v.* 27, p. 156—161. — Nüsslin, O., 1903. Die Schweizer Coregonenspecies; eine Erwiderung auf Dr. Fatio's „Deux mots à propos du Coregonus macrophthalmus de Nüsslin". Zool. Anz., *v.* 26, p. 393—406. — Nüsslin, O., 1904. Gangfisch und Blaufelchen. Jahresh. Ver. Würtemb., *v.* 60, p. 189—197. — Nüsslin, O., 1905. Letzte Erwiderung in dieser Zeitschrift auf Prof. Dr. Klunzinger's Ausführungen in der Gangfisch-Blaufelchen-Frage von März 1904. Ibid., *v.* 61, p. 302—306. — Nüsslin, O., 1906. Der Blaufelchen des Bodensees, sein Fang und seine Pflege. Z. Fisch., Berlin, *v.* 13, p. 24—33. — Nüsslin, O., 1907. Der Fang des Blaufelchen zur Laichzeit. Allg. Fisch. Zeit., München, *v.* 32, p. 251—254. — Nüsslin, O., 1907. Die künstliche Fischzucht beim Blaufelchen. Ibid., *v.* 32, p. 278—280. — Nüsslin, O., 1907. Coregonus wartmanni Bloch und C. macrophthalmus Nüsslin. Differentialdiagnose für das Stadium der Dottersackbrut. Biol. Centralbl., *v.* 27, p. 440—447. — Nüsslin, O., 1908. Die Larven der Gattung Coregonus, ihre Beziehungen zur Biologie, und ihre systematische Bedeutung. Verh. D. zool. Ges., *v.* 18, p. 172—194. — Nüsslin, O., 1908. Die Madü-Maräne (Peipus-Maräne), ihr Einsatz in nordalpinen Seen. Allg. Fisch. Zeit., München, *v.* 33, p. 6—8. — Nüsslin, O., 1908. Das absolute Verbot des Blaufelchenfanges zur Laichzeit. Ibid., *v.* 33, p. 255 bis 256. — Nüsslin, O., 1910. Die wissenschaftliche Bedeutung der Coregonenlarven. Verh. naturw. Ver. Karlsruhe, *v.* 22, p. 86—100. — Ocker, L., 1904. Der Hecht. Allg. Fisch. Zeit., München, *v.* 29, p. 168—169. — Ohm, D., 1954. Versuche zum Farbensinn der Fische. Zool. Beitr., Berlin, *v.* 1 (N. F.), p. 111—202. — Ohm, D., 1958. Können Fische hören? Aquar. Terrar. Z., Stuttgart, *v.* 11, p. 174—177. — Oliva, O., 1948. The geographical distribution of Carpathain Bullhead in Moravia. Akvar. listy, Praha, *v.* 21, p. 62—64. — Oliva, O., 1950. Řízek Kesslerův (Gobio Kessleri Dybowski 1862), nová naše ryba. Přírodovědecký Sborník ostravského kraje, Opava, *v.* 11 (4), p. 341—344. — Oliva, O., 1950. Sykavec horský — Cobitis aurata (De Filippi 1865) — na Moravě. Zvláštní otisk z Akvaristických listů, Praha, *v.* 22, nr. 7. — Oliva, O., 1950. K nálezu řízka Gobio belingi Slastenenko 1934 a Gobio kessleri Dybowski 1862 (Cyprinidae-Gobiini) v Československu. Ibid., *v.* 22, nr. 7. — Oliva, O., 1950.

K nálezům hlaváče (Protherorhinus marmoratus Pallas) skvrnitého. Věstník Čsl. Akvaristických listý, Praha, *v.* 22, p. 3—5. — Oliva, O., 1951. K systematice našich podoustvi (Vimba vimba). Přírod. Sborn. Ostravského kraje, Opava, *v.* 12/4, p. 516—520. — Oliva, O., 1952. Příspěvek k poznání ryb řeky Moravy. Zool. a Ent. listy, Praha, *v.* 15, p. 128—132. — Oliva, O., 1952. On the occurence of Abramis ballerus (L.) and Abramis sapa (Pall.) in Czechoslavakia. Ibid., *v.* 15, p. 204—207. — Oliva, O., 1952. Je možné druhové rozlišení cejna velkého (Abramis brama) a cejna malého (Blicca bjoerkna) podle šupin. Ibid., *v.* 15, p. 238—244. — Oliva, O., 1952. K pohlavnímu dimorfismu Mřenky (Nemachilus barbatulus L.). Čas. Nár. Musea, Praha, *v.* 121, p. 85—87. — Oliva, O., 1953. K sexuálnímu dimorfismu hrouzka (Gobio gobio L.). Ibid., *v.* 122, p. 94—96. — Oliva, O., 1953. Gobio albipinnatus Lukasch 1933 in Čechoslovakia. Ibid., *v.* 122, p. 188—192. — Oliva, O., 1953. K systematice našich okounovitých ryb (Percidae). Věstník Královské české Spol. nauk, třída matematicko-přírodovědecká, Praha, *v.* 8, p. 1—13. — Oliva, O., 1953. Příspěvek k přehledu našich mihulí (Petromyzones Berg 1940). Ibid., *v.* 9, p. 1—19. — Oliva, O., 1953. Seznam kruhoústých a ryb Československa (Synopsis of marsipobranchs and fishes of Czechoslovakia). Sborník ČSAZ, Praha, *v.* 26 B, p. 41—46. — Oliva, O., 1953. Bemerkungen zum Vorkommen von Alburnoides bipunctatus (Bloch) und Leucaspius delineatus (Heckel) in Mitteleuropa. Zool. Anz., *v.* 150, p. 201—202. — Oliva, O., 1953. Über die Artspezifität der Saiblinge im Schwarzen See im Böhmerwald. Věstník čsl. zool. spol., Praha, *v.* 16, p. 143. — Oliva, O., 1952. A revision of the Cyprinid fishes of Czechoslovakia with regard to their sexual characters. Bull. int. Acad. Praha (Revue Rozpravy II třídy České akademie), *v.* 53, p. 1—61. — Oliva, O., 1953. To the systematics of native spinous loaches (Cobitis L.). Věstník čsl. zool. spol., Praha, *v.* 16, p. 271—297. — Oliva, O., 1955. K biologii štiky (Esox lucius L.). Acta Soc. zool. Bohemoslovenicae, Praha, *v.* 20, p. 208—223. — Oliva, O., 1956. Přehled našich vranek (Cottus L.). Přír. Sborn. Ostravského kraje, Opava, *v.* 17, p. 188—195. — Oliva, O., 1956. Příspěvek k biologii a rychlostí růstu kapra (Cyprinus carpio) v polabi. Univ. Carol. Biologia, Praha, *v.* 1, p. 225—273. — Oliva, O., Balon, E., et Frank, S., 1953. K systematice našich sykavců (Cobitis). Acta Soc. zool. Bohemoslovenice, Praha, *v.* 16, p. 271—297. — Overbeck, G., 1959. Petri Heil von 9 bis 90. Berlin, Parey-Verl. — P., 1913. Studien über die Rutte (Lota vulgaris). Allg. Fisch. Zeit., München, *n.* 38, p. 61—63. — P., 1914. Pflanzliche Nahrung für Forellen. Ibid., *v.* 39, p. 24—25. — P., 1914. Salmonisation der Forellen. Ibid., *v.* 30, p. 340. — P., 1916. Zur Ernährung der Regenbogenforelle und ihrer Brut in den Alpenseen. Ibid., *v.* 41, p. 100—101. — Palacky, J., 1895. Die Verbreitung der Fische. Prag, Selbstverl. bei Druck. J. Otto. — Pallas, P. S., 1771. Reise durch verschiedene Provinzen des russischen Reiches. St. Petersburg, *v.* 1—3. Druck. d. kais. Akad. — Pallas, P. S., 1811. Zoographia Rosso-Asiatica, sistens omnium animalium in extenso imperio rossico et adjacentibus maribus observatorum recensionem, domicilia, mores et descriptiones anatomen atque icones pluriorum. Petropoli, *v.* 1—3. Druck. d. kais. Akad. — Papperitz, F., 1915. Über das Wetter zum Fischen. Österr. Fisch. Zeit., Wien, *v.* 12, p. 155 bis 156. — Papperitz, F., 1915. Noch etwas vom Aitelfischen. Ibid., *v.* 12, p. 175—176. — Papperitz, F., 1935. Erhöhte Kampfansage der Aalrutte? Allg. Fisch. Zeit., München, *v.* 60, p. 46—47. — Paul, A., 1905. Vom Räuber Hecht. Wochenschr. Aquar. Terrar., Braunschweig, *v.* 2, p. 32—33. — Peham, A., 1950. Die Ernährung unserer Süßwasserfische. Österr. Fischerei, Wien, *v.* 3, p. 53—55. — Peham, A., 1950. Der richtige Angelköder. Ibid., *v.* 3, p. 101—104, 125—129. — Pernt, J., 1894. Der Neusiedler See und seine Fischerei. Mt. österr. Fisch. Ver., Wien, *v.* 14, p. 46—52, 74—82. — Pesta, O., 1923. Hydrobiologische Studien über Ostalpenseen. Arch. Hydrob., Stuttgart, *v.* 3 (Suppl.), p. 385—596. — Pesta, O., 1924. Die Ostalpenseen. Verh. Int. Ver. Limnol., Stuttgart, *v.* 2, p. 60—62. — Pesta, O., 1929. Der Hochgebirgssee der Alpen. In: Einzeldarstellungen aus der Sammlung „Die Binnengewässer", hrsgeg. v. Prof. Dr. A. Thienemann, *v.* 8. Stuttgart, Schweizerbart'sche Verlagsbuchh. — Pesta, O., 1948. Edelfische in Hochgebirgsseen. Österr. Fischerei, Wien, *v.* 1, p. 61—63. — Pesta, O., 1948. Namen, Verbreitung und Verhalten des Saiblings. Ibid., *v.* 1, p. 114. — Pesta, O., 1953. Berggewässer. Naturkundliche Wanderung zur Untersuchung ostalpiner Tümpel und Seen im Hochgebirge. In: „Wissenschaftliche Alpenvereinshefte", *v.* 14, Innsbruck, hrsgeg. v. D. u. Ö. Alpenverein, Universitätsverl. Wagner. — Pesta, O., 1954. Jungfischnahrung im Neusiedlersee (Burgenland). Aquar. Terrar. Z., Stuttgart, *v.* 7, p. 87—89. — Peters, W. C. H., 1859. Eine neue vom Herrn Jagor im atlantischen Meer gefangene Art der Gattung Leptocephalus und über einige andere neue Fische des Zoologischen Museums. Monber. Ak. Berlin, *v.* 4, p. 411—413. — Petzold, N., 1880. Der Aal in der Donau. Bayer. Fisch. Zeit., München, *v.* 5, p. 66—67. — Pietschmann, V., 1911. Fische. In: Codex Alimentarius Austriacus, Wien, *v.* 2, p. 135—264. Verl. der k. k. Hof- u. Staatsdruck. — Pietschmann, V., 1927. Aus dem Leben des Flußaals. Die Natur, Wien, *v.* 3, p. 1—12. Deutscher Verl. f. Jugend u. Volk. — Pietschmann, V., 1929/35. Cyclostomata. Ichthya. In: Kükenthal-Krumbach, Handb. d. Zool., Berlin-Leipzig, *v.* 6, fasc. 1, Lfg. 1—5, p. 1—560. Verl. W. de Gruyter. — Pietschmann, V., 1934. Eine Kreuzung zwischen Karpfen und Goldfisch. Zool. Anz., v. 107, p. 93—94. — Pietschmann, V., 1937. Was kann die Aquarienkunde der Wissenschaft leisten? Wochenschr. Aquar. Terrar., Braunschweig, v. 34, p. 373—375, 398—401. — Pietschmann, V., 1938. Ichthyologische Ergebnisse der Zweiten und Dritten Schweizer Donaufahrt. Wiss. Jahrb. D. D. S. G., Wien, v. 1, p. 117—121, 123—127. Verl. Waldheim u. Eberle. — Pietschmann, V., 1939. Donaufische. In: Wissenschaftlicher Donauführer, Wien, p. 122—135. Verl. Waldheim u. Eberle. — Pietschmann, V., 1939. Die Tierwelt. In: Handb. f. Donaureisen, Wien, p. 50—66. Verl. Waldheim u. Eberle. — Pikola, F., 1952. Wie kann der Huchenbestand in unseren Gewässern raschmöglichst gehoben werden? Allg. Fisch. Zeit., München, v. 77, p. 88 bis 89. — Pino, F., 1918. Auf Schiede in der Donau und March. Österr. Fisch. Zeit., Wien, v. 15, p. 6. — Pino, F., 1925. Meine Erfahrungen über den Huchenfang. Ibid., v. 22, p. 6—8. — Piringer, K., 1952. Vom Mühlei, Salzachsee und Salzachhuchen. Österr. Fischerei, Wien, v. 5, p. 126—127. — Pischtiak, W., 1917. Der Aal in der alten Donau. Österr. Fisch. Zeit., Wien, v. 14, p. 59. — Pittet, L., 1914. Über die Verteilung der Geschlechter bei den Fischen. Schweiz. Fisch. Zeit., Zürich, v. 22, p. 30—34. — Planansky, A., 1957. Über die künstliche, der natürlichen Fortpflanzung weitgehend angepaßte Zucht des Zanders. Österr. Fischerei, Wien, v. 10, p. 41—44. — Pohl, R., 1899. Der Barsch. Mt. österr. Fisch. Ver., Wien, v. 19, p. 133—137. — Pohl, R., 1899. Der Karpfen. Ibid., v. 19, p. 197—200. — Pokrowsky, W., 1930. Zur Systematik des Barsches. Trav. Soc. Nat. Leningrad, v. 60, p. 81. — Pollin, F. W., 1927. Lob des Fischers. Aus den Traktaten des Abraham a Santa Clara. Schweiz. Fisch. Zeit., München, v. 35, p. 68—70. — Pölzl, F., 1901. Über die Regenbogenforelle. Gutachten über die Einbürgerung und Aufzucht der Regenbogenforelle. Mt. österr. Fisch. Ver., Wien, v. 21, p. 63—65. — Pölzl, F., 1903. Einiges über die Stahlkopfforelle (S. Gairdneri). Österr. Fisch. Zeit., Wien, v. 1, p. 6—8. — Pölzl, F., 1904. Ein Zukunftsfisch. Ibid., v. 1, p. 506—508. — Pölzl, F., 1907. Die fischereilichen Verhältnisse der Donau in Niederösterreich. Ibid., v. 4, p. 236 bis 238. — Pölzl, F., 1921. Die Fischzucht. In: „Die Kleinwirtschaft", Stuttgart, v. 3, hrsgeg. v. Helmer u. Alfonsus, Ulmer-Verl. — Pölzl, F., 1926. Die Äsche. Österr. Fisch. Zeit., Wien, v. 21, p. 66—67. — Pölzl, F., 1926. Der Attersee und seine Bewirtschaftung. Ibid., v. 23, p. 85—86, 93—94. — Pölzl, F., 1927. Die Barbe. Schweiz. Fisch. Zeit., Zürich, v. 35, p. 41—44; Österr. Fisch. Zeit., Wien, v. 24, p. 5—7. — Pölzl, F., 1941. Über die Einfuhr ausländischer Salmonidenarten. Allg. Fisch. Zeit., München, v. 66, p. 17—19. — Pölzl, F., 1941. Wie frißt der Fisch? Ibid., v. 66, p. 67. — Ponkratz, H., 1951. Die Lage der Sportfischerei in Passau und Umgebung. Allg. Fisch. Zeit., München, v. 76, p. 504—505. — Popescu, L., 1957. Quelques dates biologiques sur Abramis sapa Pallas. Bul. Inst. Cercetari pist., Bucureşti, v. 16 (3), p. 275—293. — Popescu, L., 1958. Contributions à la biologie de la brême (Abramis brama L.) du delta du Danube. Ibid., v. 17 (2), p. 65—77. — Poppe, L., 1897. Haben die Fische ein Gedächtnis? Allg. Fisch. Zeit., München, v. 22, p. 65. — Poppe, L., 1900. Das Absteigen der Forelle aus Quellbächen in tiefere Gewässer. Ibid., v. 25, p. 62—63. — Portmann, A., 1948. Einführung in die vergleichende Morphologie der Wirbeltiere. Basel, Verl. Birkhäuser. — Posselt, H., 1927. Der Schlammpeitzger oder Schlammbeißer. Wochenschr. Aquar. Terrar., Braunschweig, v. 24, p. 359—360. — Posselt, H., 1957. Der Gründling. Ibid., v. 24, p. 443. — Posselt, H., 1927. Vom Hecht und seiner Haltung im Aquarium. Ibid., v. 24, p. 593—594. — Potobsky, J., 1899. Über das Flözfischen in der Mur. Mt. österr. Fisch. Ver., Wien, v. 19, p. 57—58. — Prélaz, L., 1920. Der Aal. Schweiz. Fisch. Zeit., Zürich, v. 28, p. 58—60. — Prélaz, L., 1921. Laichzeiten der autochthonen Fische der Schweiz. Ibid., v. 29, p. 19—21. — Pressel, K., 1893. Nochmals die Schonzeit der Forelle. Allg. Fisch. Zeit., München, v. 18, p. 211—212. — Pressel, K., 1902. Bachsaibling und Regenbogenforelle in offenen Gewässern. Ibid., v. 27, p. 261—262. — Pressel, K., 1903. Die Bedeutung der Schnellwüchsigkeit der amerikanischen Salmoniden für unsere Forellenbäche. Ibid., v. 28, p. 428—430. — Probatow, A. N., 1946. On the origin of freshwaterforms of the genus Salvelinus. Zool. J. Moscow, v. 25, p. 277. — Probst, E., 1938. Die Paarung der Laichfische in der Karpfenzucht. Der Weg zur künstlichen Befruchtung ist gefunden. Österr. Fisch. Zeit., Wien, v. 35, p. 54—56. — Probst, E., 1939. Ein Beitrag zur Biologie des Bodensee-Felchen. Allg. Fisch. Zeit., München, v. 64, p. 170—172, 180—185. — Probst, E., 1949. Der Bläuling-Karpfen. Ibid., v. 74, p. 232 bis 238. — Probst, E., 1949—50. Vererbungsuntersuchungen beim Karpfen. Ibid., v. 74 (1949), p. 436—443; v. 75 (1950), p. 348—349. — Probst, E., 1950. Der Todesfaktor bei der Vererbung des Schuppenkleides. Ibid., v. 75, p. 369—370. — Prochaska, H., 1882. Über die Zucht von Bastardfischen. Bayer. Fisch. Zeit., München, v. 7, p. 305—308. — Puchta, O., 1952. Die belauschten Bachneunaugen. Aquar. Terrar. Z., Stuttgart, v. 5, p. 65—67. — Puschnigg, R., 1930. Naturgeschichtliches im Abstimmungsgebiet. Von der Tierwelt des Rosentales. Carinthia II, Sonderheft I, p. 83—133. — Q., 1894. Bachforelle, Regenbogenforelle, Bachsaibling. Allg. Fisch. Zeit., München, v. 19, p. 309—310. — Quirl, F., 1948. Sind die im Herbst laichenden Regenbogenforellen Standfische? Arch. Fisch. Braunschweig, v. 1, p. 112—136. —

R., 1905. Einfluß einer reichlichen Ernährung auf die Fruchtbarkeit des Fisches. Allg. Fisch. Zeit., München, v. 30, p. 464—465. — R., 1906. Albinos unter den Bachsaiblingen und Versuche mit diesen. Ibid., v. 31, p. 47—49. — R., 1906. Die Störe der Donau und des Schwarzen Meeres. Ibid., v. 31, p. 246—249. — R., 1906. Können die Fische hören? Ibid., v. 31, p. 270—271. — Radcliffe, W., 1921. Der Fischfang seit den ältesten Zeiten. (Fishing from the earliest times.) London, Verl. J. Murray. — Radulescu, L., u. Vasiliu, N., 1955. Note concernant le hybride Cyprinus carpio × Carassius carassius du lac Rosca-Delta du Danube. Bul. Inst. Cercet. Pisc. Roman, Bucuresti, v. 15 (1), p. 67—71. — Rafinesque, C. S., 1820. Ichthyologia Ohiensis. Lexington, Kentucky, Ed. W. G. Hunt. — Rapp, W. L., 1854—56. Die Fische des Bodensees, untersucht und beschrieben. Jahresh. Ver. Württemb., v. 9 (1854), p. 33; v. 10 (1855), p. 137 bis 175; v. 11 (1856), p. 33—38. — Rasser, E. O., 1931. Altes und Neues von der Forelle. Österr. Fisch. Zeit., Wien, v. 28, p. 156—158. — Rauch, G., 1900. Der Fang der Fische. Allg. Fisch. Zeit., München, v. 25, p. 73—77, 270—273, 290—295, 305—308. — Rauser, P., 1951. Die Schleie. Österr. Fischerei, Wien, v. 4, p. 111—112, 156—158. — Rauther, M., 1921. Über die Zusammensetzung und Herkunft der Fischfauna Württembergs, einschließlich des Bodensees. Bl. Aquar. Terrar., Stuttgart, v. 32, p. 88—95, 119—123. — Rauther, M., 1921. Fische. In: Das Tierreich, IV. Samml. Göschen Nr. 356. Berlin-Leipzig, Verl. Walter de Gruyter. — Rauther, M., 1927—54. Echte Fische. In: Bronn, Kl. Ordn., v. 6, Abt. 1, 2. Buch, Teil 1, Lief. 1—6, p. 1—1050; Teil 2, Lief. 1—2, p. 1—248. — Raz, M., 1938. Vom Huchenfischen. Österr. Fisch. Zeit., Wien, v. 35, p. 22. — Regan, C. T., 1911. A synopsis of the marsipobranchs of the order Hyperoartii. Ann. nat. Hist., s. 8, v. 7, p. 193—204. — Regensburger, A., 1917. Zur Frage der Geschlechtsverteilung bei den Fischen. Allg. Fisch. Zeit., München, v. 42, p. 282—284. — Regensburger, A., 1922. Die Verbreitung der Regenbogenforelle in den bayerischen Fischgewässern. Ibid., v. 47, p. 118. — Regnard, P., 1893. Die Geschwindigkeit der Fische. Ibid., v. 18, p. 60. — Rehacek, W., 1919. Umwandlung der Karausche zum Goldfisch. Bl. Aquar. Terrar., Stuttgart, v. 30, p. 329—330. — Rehbronn, E., 1948. Der Hecht und seine Vermehrung. Allg. Fisch. Zeit., München, v. 73, p. 286—288. — Rehbronn, E., 1949. Was bedeutet eine nichtabwandernde Regenbogenforelle für den Sportfischer und Forellenzüchter? Ibid., v. 74, p. 341—342. — Reibisch, K., 1943. Woran erkennt man das Alter der Fische? Schweiz. Fisch. Zeit., Zürich, v. 51, p. 293—294. — Reinhardt, L., 1912. Kulturgeschichte der Nutztiere. München, Verl. E. Reinhardt. — Reinhart, H., 1912 bis 1913. Vom Schlaf der Fische. Wochenschr. Aquar. Terrar., Braunschweig, v. 9 (1912), p. 80 bis 81; v. 10 (1913), p. 906—908. — Reinhold, W., 1948. Das Aussetzen der Forellenbrut. Österr. Fischerei, Wien, v. 1, p. 165—169. — Reisinger, E., 1952. Zur Fischfauna Kärntens. Carinthia II, v. 142 (62), p. 52—55. — Reitmayer, C., 1911. Der ungarische Hundsfisch. Bl. Aquar. Terrar., Stuttgart, v. 22, p. 351—353. — Reitmayer, C., 1911. Die Ellritze im Zimmeraquarium. Ibid., v. 22, p. 433—436. — Reitmayer, C., 1911. Etwas von der Groppe. Ibid., v. 22, p. 558—559. — Reitmayer, C., 1911. Etwas vom Gründling. Ibid., v. 22, p. 573—575. — Reitmayer, C., 1912. Unser Bitterling. Ibid., v. 23, p. 259—261. — Reitmayer, C., 1912. Der Flußbarsch. Ibid., v. 23, p. 650—652. — Reitmayer, C., 1913. Rotauge und Rotfeder. Einige Bemerkungen zur leichten Unterscheidung derselben. Ibid., v. 24, p. 161—162. — Reitmayer, C., 1913. Zucht und Pflege des Stichlings. Ibid., v. 24, p. 339—340. — Reitmayer, C., 1914. Einiges über unsere Karausche. Ibid., v. 25, p. 452—454. — Reitmayer, C., 1915. Der Steingreßling. Ibid., v. 26, p. 257—258. — Reitmayer, C., 1915. Einige Bemerkungen über den Brachsen in der Gefangenschaft. Wochenschr. Aquar. Terrar., Braunschweig, v. 12, p. 76—77. — Reitmayer, C., 1915. Einige Bemerkungen über den Kaulbarsch und seine Haltung im Aquarium. Ibid., v. 12, p. 369—370. — Reitmayer, C., 1915. Einige Bemerkungen über die Schmerle. Ibid., v. 12, p. 598—599. — Reitmayer, C., 1916. Das Stichlingsnest. Bl. Aquar. Terrar., Stuttgart, v. 27, p. 65—70. — Reitmayer, C., 1916. Zur Zucht des Goldfisches im Aquarium. Ibid., v. 27, p. 280. — Reitz, A., 1909. Der Schleierschwanz, seine Zucht und Pflege. Wochenschr. Aquar. Terrar., Braunschweig, v. 6, p. 225—227. — Remane, A., 1925. Pisces. In: Schulze, P., Biol. Tiere Deutschl., Teil 48, 39 pp. — Renner, E., 1935. Der Aufbau der Hallstätter Fischerei. Österr. Fisch. Zeit., Wien, v. 32, p. 79—81. — Reuß, H., 1906. Albinos unter den Bachsaiblingen und Versuche mit diesen. Allg. Fisch. Zeit., München, v. 31, p. 47—49. — Reuß, H., 1906. Fischfärbung und natürliche Zuchtwahl. Ibid., v. 31, p. 411 bis 413. — Reuß, H., 1907—08. Die natürliche Nahrung der Fische. Ibid., v. 32 (1907), p. 361 bis 364, 447—450; v. 33 (1908), p. 25—29, 120—122, 141—143, 256—260, 346—350. — Reuß, H., 1911. Über den Schlaf bei den Fischen. Ibid., v. 36, p. 174—176. — Reuter, W., 1954. Erlebnisse mit Stichlingen. Aquar. Terrar. Z., Stuttgart, v. 7, p. 139—140. — Richard, A., 1915. Über das Wetter zum Fischen. Österr. Fisch. Zeit., Wien, v. 12, p. 165. — Richardson, J., 1836—37. Fauna Boreali-Americana, or the zoology of the northern parts of British America, containing descriptions of the objects of natural history collected on the late northern land expeditions, under the command of Sir John Franklin. v. 1—4 (v. 3: The fish). London-Norwich,

Ed. Bentley. — Richter, E., 1924. Schlafstellungen bei Fischen. Wochenschr. Aquar. Terrar., Braunschweig, v. 21, p. 19—20. — Richter, W., 1957. Der Zander und die künstliche Vermehrung. Allg. Fisch. Zeit., München, v. 82, p. 381—385. — Riedel, K., 1908. Meine Hechte. Bl. Aquar. Terrar., Magdeburg, v. 19, p. 37—40. — Riedel, K., 1908. Wandern und Fangen der Aale. Ibid., v. 19, p. 701. — Riedel, K., 1909. Pflege und Zucht des Stichlings. Ibid., v. 20, p. 177—179, 198—201. — Riedel, K., 1911. Xanthorismus bei einer Ellritze. Ibid., v. 22, p. 150 — 151. — Riedel, W., 1889. Die Forellenzucht. Allg. Fisch. Zeit., München, v. 14, p. 322—326. — Riedel, W., 1890. Zur Frage der Forellenbrutfütterung. Ibid., v. 15, p. 30—31. — Riedel, W., 1892. Begleiter der laichenden Forellen. Ibid., v. 17, p. 183. — Riedel, W., 1893. Fütterung der Regenbogenforellenbrut. Ibid., v. 18, p. 193—195. — Riedel, W., 1895. Kleine Plaudereien über Salmoniden-Kreuzungen und Bastardierungen. Ibid., v. 20, p. 277—279. — Riege, H., 1927. Der Stichling. Wochenschr. Aquar. Terrar., Braunschweig, v. 24, p. 599. — Riegler, W., 1905—06. Seltsame Färbung der Pfrille. Österr. Fisch. Zeit., Wien, v. 2 (1905), p. 543; v. 3 (1906), p. 71. — Riehl, E., 1926. Die Neunaugen. Wochenschr. Aquar. Terrar., Braunschweig, v. 23, p. 436—437. — Riepe, E., 1906. Einige Daten über das Alter der Goldfische und deren Abarten. Ibid., v. 3, p. 347—348. — Riesner, K., 1928. Der Goldfisch, seine Pflege und Zucht im Aquarium. Ibid., v. 25, p. 105. — Röder v. Diersburg, K., 1896. Zur Eiablage und Befruchtung des Bitterlings. Bl. Aquar. Terrar., Magdeburg, v. 7, p. 61—62. — Röhler, K., 1931. Weihnachtszeit — Karpfenzeit. Die Fische als Sinnbilder im Volksglauben. Allg. Fisch. Zeit., München, v. 56, p. 20—23. — Rohrbacher, L., 1915. Vom Stichling und seiner Zucht. Wochenschr. Aquar. Terrar., Braunschweig, v. 12, p. 326—328. — Rohrbacher, L., 1920. Etwas über Stichlings- und Bitterlingszucht. Ibid., v. 17, p. 54—56. — Romanovsky, A., 1952. Contribution to the synopsis of fishes in the river Thaya. Zool. ent. Listy, Praha, v. 15, p. 245—251. — Romer, A., 1959. Vergleichende Anatomie der Wirbeltiere. Berlin-Hamburg, Verl. P. Parey. — Rondelet, G., 1529. De piscibus fluviatilibus Liber. Lugduni, Verl. Matthias Bonhomme. — Rosenauer, F., 1938. Das Wasser der österreichischen Donau. Int. Rev. Hydrob., v. 37, p. 448—462. — Rost, G., 1914. Einheimische Fische. Wochenschr. Aquar. Terrar., Braunschweig, v. 11, p. 8—10, 284—285, 317, 360. — Rothe, W., 1929. Vom Stichling. Bl. Aquar. Terrar., Stuttgart, v. 40, p. 21. — Rott, R., 1928. Aufzucht von Bitterlingen im Aquarium. Ibid., v. 39, p. 212—213. — Rott, R., 1928. Der Döbel, ein Raubfisch. Ibid., v. 39, p. 253—254. — Rudescu, C., u. Rodewald, L., 1958. Schilfrohr und Fischkultur im Donaudelta. Arch. Hydrob., v. 54, p. 303—339. — Rudolph, A., 1902. Der Stichling als Zuchtfisch. Bl. Aquar. Terrar., Magdeburg, v. 13, p. 187—188. — Rühm, A., 1894. Zur Bachsaiblingsfrage. Allg. Fisch. Zeit., München, v. 19, p. 223—224. — Rühmer, K., 1931. Brachsen in bayerischen Gewässern. Ibid., v. 56, p. 366—368. — Rühmer, K., 1935. Die Süßwasserfische unserer deutschen Heimat. Ebenhausen b. München, Germanenverl. — Rühmer, K., 1935. Fische und Fischer. Erlebnisse im Reiche St. Petris. München, Verl. Knorr u. Hirth. — Rühmer, K., 1958. Wunder der Fischwelt. Stuttgart, A. Kernen-Verl. — Rühmer, K., 1949. Fische und Fischer. Erlebnisse aus dem Fischreich. Stuttgart, A. Kernen-Verl. — Rühmer, K., 1952. Die Süßwasserfische und Krebse. Ebenhausen b. München, Fischerei-Verl. — Rummel, E., 1956. Fische und Anglergerätschaften in der Deutschen Heraldik. Allg. Fisch. Zeit., München, v. 81, p. 66—67. — Rummel, W., 1931. Waller. Schweiz. Fisch. Zeit., Zürich, v. 39, p. 132—134. — Rummel, W., 1931. Das Fischerleben. München, Fischerei-Sport-Verl. Dr. H. Schindler. — Rummel, W., 1935. Forellen — Fische der Freude. Allg. Fisch. Zeit., München, v. 60, p. 78—79. Russegger, J., 1841—49. Reisen in Europa, Asien und Afrika mit besonderer Rücksicht auf die naturwissenschaftlichen Verhältnisse der betreffenden Länder, unternommen in den Jahren 1835—1841. v. 1—4. Stuttgart, Verl. Ebner u. Seubert. — Ruttner, F., 1948. Die Randseen der österreichischen Alpen. Verh. Int. Ver. Limnol., v. 10, p. 387—399. — Ruttner, F., 1952. Grundriß der Limnologie. Berlin, Verl. Walter de Gruyter. — S., 1893. Nochmals zur Schonzeit der Forelle. Allg. Fisch. Zeit., München, v. 18, p. 165—168. — S., 1894. Lochleven Forellen. Ibid., v. 19, p. 380—381. — S. J., 1899. Behandlung von Laichfischen bei Salmoniden. Ibid., v. 24, p. 399—401. — S., 1903. Fischerei in der Steiermark auf Huchen. Ibid., v. 28, p. 142—144. — S., 1914. Erschrecken der Fische. Wochenschr. Aquar. Terrar., Braunschweig, v. 11, p. 579. — S., 1923. Zur Kenntnis der Jugendformen der karpfenartigen Fische. Allg. Fisch. Zeit., München, v. 48, p. 22—26. — S., 1941. Die Pflege des Forellenbaches. Ibid., v. 66, p. 105—106. — Sachs, W. B., 1921. Vom Blaufelchen. Bl. Aquar. Terrar., Stuttgart, v. 32, p. 323—324. — Sachse, R., 1913—14. Zur Ernährung des Karpfens. Allg. Fisch. Zeit., München, v. 38 (1913), p. 594—596; v. 39 (1914), p. 229—231. — Salomon, K., 1906—07. Ein Beitrag zur Altersbestimmung des Huchens. Österr. Fisch. Zeit., Wien, v. 4 (1906), p. 176; v. 5 (1907), p. 265—266. — Salomon, K., 1906. Die Regenbogenforelle. Ibid., v. 4, p. 305—307. — Salomon, K., 1907. Von der Huchenfischerei. Ibid., v. 5, p. 95—96. — Sandler, C., 1911. Aus alten Fischbüchern. Allg. Fisch. Zeit., München, v. 36, p. 413—418, 434—438. — Sartorius, H., 1949. Beobachtungen am einheimischen Bitterling. Aquar.

Terrar. Z., Stuttgart, *v.* 2, p. 166—168. — Sartorius, H., 1950. Das Moderlieschen. Ibid., *v.* 3, p. 69—72. — Sauerteig, E., u. Krebs, W., 1957. Eine neue Methode zur Sektion kleinerer Fische. Ibid., *v.* 10, p. 128—130. — Sedlaczek, E., 1911. Über Änderung der Fauna durch Flußregulierung, Drainage und Bewässerung. Mt. Fisch. Ver. Brandenburg, Berlin, *v.* 3, p. 145 bis 147. — Seeleuthner, K., 1931. Der dreistachelige Stichling. Bl. Aquar. Terrar., Stuttgart, *v.* 42, p. 75—77. — Seeley, H. G., 1886. The freshwater fishes of Europe. London, Ed. Cassel and Co. — Seez, R., 1939. Über Alter und Wachstum der Äsche. Allg. Fisch. Zeit., München, *v.* 64, p. 39—42. — Seez, R., 1939. Über die Altersbestimmung der Fische. Ibid., *v.* 64, p. 113. — Seez, R., 1939. Über den Huchen. Ibid., *v.* 64, p. 272—276, 279—283, 287 bis 288. — Seez, R., 1941. Die Beziehungen zwischen der Nahrung und der Nahrungsaufnahme der Forelle und ihrer belebten Umwelt. Ibid., *v.* 66, p. 176—178. — Seidlitz, H. J., 1948. Beobachtungen über die Geräuschempfindlichkeit der Fische. Ibid., *v.* 73, p. 147—148. — Seifert, K. P., 1885. Die Fischwasser des Stiftes Lambach in Oberösterreich. Mt. österr. Fisch. Ver., Wien, *v.* 5, p. 138. — Seiler, R., 1938. Zur Fütterung des Karpfens, beurteilt nach Aquarienversuchen. Int. Rev. Hydrob., *v.* 36, p. 1—56. — Seligo, A., 1905. Über den Ursprung der Fischnahrung. Allg. Fisch. Zeit., München, *v.* 30, p. 385—388. — Seligo, A., 1926. Die Fischerei in den Fließen, Seen und Strandgewässern Mitteleuropas. In: Handb. Fischerei Mitteleuropas v. Demoll u. Maier, Stuttgart, *v.* 5, p. 1—422. — Sendler, A., 1902. Gewitter und Fischsterben. Allg. Fisch. Zeit., München, *v.* 27, p. 436—437. — Sendler, A., 1913. Ortssinn oder Selbsterhaltungstrieb der Forellen? Ibid., *v.* 38, p. 145—147. — Seyser, W., 1934—35. Gestalt, Leben und Entwicklungsgeschichte der Fische. Wochenschr. Aquar. Terrar., Braunschweig, *v.* 31 (1934), p. 693, 756, 804; *v.* 32 (1935), p. 51, 134, 198, 278, 371, 422, 487, 549, 630, 676, 723, 772, 807. — Schabmann, F., 1939. Aufgabe und Ziele der österreichischen Karpfenzucht. Allg. Fisch. Zeit., München, *v.* 64, p. 117—119. — Schägl, J., 1882. Die große Maräne in Österreich. Mt. österr. Fisch. Ver., Wien, *v.* 2, p. 150—152. — Schäperclaus, W., 1940. Untersuchungen an Eiern und Brut von Maränen, Hechten und Forellen. Verh. Int. Ver. Limnol., Stuttgart, *v.* 9, p. 215—251. — Schäperclaus, W., 1949. Grundriß der Teichwirtschaft. Berlin-Hamburg, Verl. P. Parey. — Schäperclaus, W., 1953. Fischereikunde (Einführung). Berlin-Hamburg, Verl. P. Parey. — Schäperclaus, W., 1953. Die Züchtung von Karauschen mit höchster Leistungsfähigkeit. Z. Fisch., Berlin, *v.* 2, p. 104—105. — Schäperclaus, W., 1954. Fischkrankheiten. Berlin, Akademie-Verl. — Schäperclaus, W., 1955. Die Bewertung des Karpfens bei der Zuchtauslese. Z. Fisch., Berlin, *v.* 4, p. 483—520. — Schäperclaus, W., 1959. Lehrbuch der Teichwirtschaft. Berlin, Verl. P. Parey. — Schawalder, K., 1936. Von der Wiege bis zum Grabe. Erzählung einer Forelle, die in einer Brutanstalt das Licht der Welt erblickte. Schweiz. Fisch. Zeit., Zürich, *v.* 44, p. 47—52. — Scheer, D., 1947. Zucht des Forellenbarsches. Allg. Fisch. Zeit., München, *v.* 72, p. 159—161. — Scheffelt, E., 1920. Der Hallstättersee. Ibid., *v.* 44, p. 43—44. — Scheffelt, E., 1920. Ufergestalt, Spiegelschwankung und Ertrag von Seen. Ibid., *v.* 45, p. 176—181. — Scheffelt, E., 1921. — Hochwasserfolgen und Ernährung der Renken. Ibid., *v.* 46, p. 125 bis 127. — Scheffelt, E., 1923. Die Naturgeschichte der Bodenseefische. Schweiz. Fisch. Zeit., Zürich, *v.* 31, p. 276—279. — Scheffelt, E., 1924. Blaufelchen-Mathematik. Ibid., *v.* 32, p. 175—177. — Scheffelt, E., 1924. Zur Biologie der Bodensee-Blaufelchen. Allg. Fisch. Zeit., München, *v.* 49, p. 21—25, 202—205. — Scheffelt, E., 1925. Die Erträgnisse der Bodenseefischerei. Schweiz. Fisch. Zeit., Zürich, *v.* 33, p. 122—127. — Scheffelt, E., 1925. Der Kilch des Bodensees. Allg. Fisch. Zeit., München, *v.* 50, p. 164—167. — Scheffelt, E., 1925. Fangvorhersagung zur Blaufelchenlaichzeit. Ibid., *v.* 50, p. 330—333. — Scheffelt, E., 1926. Zur Biologie der Bodensee-Blaufelchen. Ibid., *v.* 51, p. 51—54. — Scheffelt, E., 1926. Fische und Fischerei im Bodensee. Österr. Fisch. Zeit., Wien, *v.* 23, p. 207. — Scheffelt, W., 1926. Unbekannte Bodenseefische. Schweiz. Fisch. Zeit., Zürich, *v.* 34, p. 89—91. — Scheffelt, W., 1928. Die Felchenfische (Coregonen) der Schweiz. Ibid., *v.* 36, p. 214—219. — Scheffelt, E., u. Schweizer, W., 1926. Fische und Fischerei im Bodensee. Stuttgart, Verlag F. Enke. — Schefold, K., 1949. Schleppfischerei auf Hechte. Österr. Fischerei, Wien, *v.* 2, p. 203—205. — Schefold, K., 1949. Schleppfischerei auf Seeforellen. Ibid., *v.* 2, p. 225—227. — Schefold, K., 1950. Die alte Donau. Ibid., *v.* 3, p. 109—111. — Schefold, K., 1950. Aschenfang. Ibid., *v.* 3, p. 113—114. — Scheftelowitz, I., 1911. Das Fischsymbol im Judentum und Christentum. Arch. Religionswissensch. Leipzig, *v.* 14, p. 1—53, 321—393. — Scheiber, A. M., 1930. Zur Geschichte der Fischerei in Oberösterreich, insbesondere der Traunfischerei. Linz a. d. Donau, Verl. Pirngruber. — Scheran, J., 1941. Der Asch und seine Fischerei, unter besonderer Berücksichtigung der Verhältnisse in Tirol. Allg. Fisch. Zeit., München, *v.* 66, p. 49—50. — Schermer, E., 1913. Bastarde von Fischen deutscher Gewässer. Bl. Aquar. Terrar., Stuttgart, *v.* 24, p. 409. — Schermer, E., 1915. Die Plötze oder das Rotauge. Ibid., *v.* 26, p. 215—216. — Schermer, E., 1915. Riesen unter den Süßwasserfischen. Wochenschr. Aquar. Terrar., Braunschweig, *v.* 12, p. 19—20. — Schermer, E., 1925. Einiges über die Ernährung der Fische. Ibid.,

v. 22, p. 299—301. — Scheuring, L., 1921. Beobachtungen und Betrachtungen über die Beziehungen der Augen zum Nahrungserwerb bei Fischen. Allg. Fisch. Zeit., München, v. 46, p. 109; Zool. Jahrb., v. 38, p. 113—136. — Scheuring, L., 1925. Die Widerstandsfähigkeit einiger Wassertiere gegen Kälte. Ibid., v. 50, p. 286. — Scheuring, L., 1928. Biologische und physiologische Untersuchungen an Forellengewässern. Arch. Hydrob., v. 4 (Suppl.), p. 181 bis 318. — Scheuring, L., 1929. Die Weichflosser (Anacanthini). In: Handb. Binnenfischerei Mitteleuropas v. Demoll u. Maier, v. 3, p. 101—110. — Scheuring, L., 1929. Die Welse (Silurus glanis und Amiurus nebulosus). Ibid., v. 3, p. 143—158. — Scheuring, L., 1930. Die Wanderungen der Fische. Ergebn. Biologie, Berlin, v. 6, p. 4—304; Österr. Fisch. Zeit., Wien, v. 27, p. 10. — Scheuring, L., 1936. Ursachen für Massen-Fischsterben in Gegenwart und Vorzeit. Natur u. Volk, Berlin, v. 66, p. 357—362. — Scheuring, L., 1937. Die Wanderungen unserer einheimischen Süßwasserfische. Ibid., v. 67, p. 371—380. — Scheuring, L., 1939. Altes und Neues vom Zander. Allg. Fisch. Zeit., München, v. 64, p. 17—22. — Scheuring, L., 1949. Zur Biologie des Brachsens. Ibid., v. 74, p. 26—27. — Scheuring, L., 1949. Die Wanderungen unserer Flußfische. Österr. Fischerei, Wien, v. 2, p. 261—268. — Scheuring, L., 1950. Ein mariner Wanderfisch, paßt sich ganz an das Süßwasser an. Allg. Fisch. Zeit., München, v. 75, p. 514—516. — Scheuring, L., 1951. Über Vermehrung, Wachstum und Wanderungen des Hechtes. Ibid., v. 76, p. 391—392, 417—418. — Schick, E., 1912. Der Hecht. Österr. Fisch. Zeit., Wien, v. 9, p. 460—462. — Schiemenz, P., 1901. Die Zoologie im Dienste der Fischerei. Tagebl. Intern. Zool. Congr., Berlin, v. 5, p. 8—9; Verh. Intern. Congr. Zool., Jena, v. 5, p. 579—584. — Schiemenz, P., 1901. Süßwasserbiologie und Fischerei. Mt. Fisch. Ver. Brandenburg, Berlin, v. 1, p. 268—278. — Schiemenz, P., 1904. Über die Schwarmbildung bei Fischen. D. Fisch. Zeit., Stettin, v. 27, p. 317—318, 325—326, 341—342. — Schiemenz, P., 1904—05. Nahrung unserer Wildfische. Ibid., v. 27 (1904), p. 237—238; v. 28 (1905), p. 295, 307—309, 319—320, 335—336; Allg. Fisch. Zeit., München, v. 30 (1905), p. 323—326. — Schiemenz, P., 1905. Wie frißt der Fisch? D. Fisch. Zeit., Stettin, v. 28, p. 605—606, 620—621, 634, 645—646, 659. — Schiemenz, P., 1913. Die Schleihe, ihr wirtschaftlicher Wert und ihre Zucht. Mt. Fisch. Ver. Brandenburg, Berlin, v. 5, p. 35—39. — Schiemenz, P., 1914. Die Wanderung unserer Süßwasserfische im Binnenland. Ibid., v. 6, p. 124—127. — Schiemenz, P., 1915. Wie findet der Fisch seine Nahrung? Ibid., v. 7, p. 22—25. — Schiemenz, P., 1918. Wann frißt der Fisch? Schweiz. Fisch. Zeit., Zürich, v. 26, p. 203—210. — Schiemenz, P., 1919. Vom Farbwechsel unserer Süßwasserfische. Allg. Fisch. Zeit., München, v. 44, p. 153 bis 154. — Schiemenz, P., 1920. Die Fischerei und die Pflege der Naturdenkmäler. Mt. Fisch. Ver. Brandenburg, v. 12, p. 42—45. — Schiemenz, P., 1924. Die Nahrung unserer Süßwasserfische. Naturwiss. Berlin, v. 12, p. 522—528. — Schiemenz, P., 1927. Fische (Pisces). In: Brohmer, P., Ehrmann, P., u. Ulmer, G., Tierw. M.-Eur., v. 7, p. 1—50. — Schiemenz, P., 1946. Die tierpsychische Bedeutung des Wohnraumes der Fische für die Erhaltung und Nutzung des Fischbestandes. Biol. Centralbl., v. 65, p. 102—108. — Schiemenz, F., 1952. Wie leitet die Strömung im Gewässer das Wandern der Fische und anderer Wassertiere und wie vermögen hernach die Fische den Zugang zu den Fischtreppen zu finden? Allg. Fisch. Zeit., München, v. 77, p. 94, 108—109. — Schierghofer, H., 1955—56. Aus dem geheimnisvollen Reich der Fische. Ibid., v. 80 (1955), p. 442—444, 463—465, 482—483; v. 81 (1956), p. 9—10. — Schild, E., 1928. Die Forelle. Die Natur als Lehrmeisterin der Technik. Wochenschr. Aquar. Terrar., Braunschweig, v. 25, p. 692—693. — Schillinger, A., 1896. Beobachtungen über die Renken im Bodensee. Allg. Fisch. Zeit., München, v. 21, p. 22—24. — Schillinger, A., 1897. Über den Kilch des Bodensees und seine Beziehungen zum Blaufelchen. Ibid., v. 22, p. 235. — Schillinger, A., 1897. Die Fischzucht und das Minimalmaß der Forellen. Ibid., v. 22, p. 261—263. — Schillinger, A., 1899. Über die Purpurforelle. Ibid., v. 24, p. 201. — Schillinger, A. 1901. Der Tiefseesaibling. Ibid., v. 26, p. 149—151. — Schindler, O., 1933. Beiträge zur Unterscheidung der Brut forellenartiger Fische. Ibid., v. 58, p. 159—174. — Schindler, O., 1935. Zur Biologie der Larven von Barsch und Hecht. Verh. D. zool. Ges., v. 37, p. 141—149. — Schindler, O., 1935. Seeforellenriesen vom Königsee. Der deutsche Jäger, Berlin, v. 47, p. 1—5. — Schindler, O., 1935. Die Brut der mitteleuropäischen Süßwasserfische. Allg. Fisch. Zeit., München, v. 60, p. 306—309. — Schindler, O., 1936. Zur Frage der Saiblingsfischerei im Königsee. Ibid., v. 61, p. 210—214. — Schindler, O., 1938. Über Larven und Jungfische der Kreuzung zwischen Seesaibling und Bachsaibling. Int. Rev. Hydrob., v. 37, p. 385—407. — Schindler, O., 1939. Die Saiblinge des Königsees. Ibid., v. 39, p. 600—627. — Schindler, O., 1941. Saiblinge und Saiblingsfischerei des Königsees. Allg. Fisch. Zeit., München, v. 66, p. 67—71. — Schindler, O., 1946. Einiges über Entwicklung, Lebensgewohnheiten und Zucht des Hechtes. Ibid., v. 71, p. 13—16. — Schindler, O., 1947. Einiges vom Winterschlaf heimischer Fische. Ibid., v. 71, p. 4—5. — Schindler, O., 1948—49. Fischerei und Wasserbau. Ibid., v. 73 (1948), p. 161—164; v. 74 (1949), p. 3—5, 18—22. — Schindler, O., 1949. Der dreistachelige Stichling. Aquar. Terrar. Z., Stuttgart, v. 2, p. 1—3. —

Schindler, O., 1950. Saiblingsfischerei im Königsee. Ibid., *v.* 75, p. 413—414. — Schindler, O., 1950. Hechte und Hechtfang im Königsee. Ibid., *v.* 75, p. 213—214. — Schindler, O., 1950. Der Königsee als Lebensraum. Veröff. Zool. Staatssammlg., München, *v.* 1, p. 97—129. — Schindler, O., 1951. Seeforellenfang in der Tiroler Großache bei Marquartstein. Allg. Fisch. Zeit., München, *v.* 76, p. 75—76. — Schindler, O., 1951. Wovon ernähren sich die Saiblinge des Würmsees? Ibid., *v.* 76, p. 181—182. — Schindler, O., 1953. Unsere Süßwasserfische. Stuttgart, Francksche Verlagsbuchh. — Schindler, O., 1957. Freshwater Fishes. Translated and edited by P. A. Orkin. London and New York, Thames and Hudson. — Schindler, O., u. Wagler, E., 1936. Zur Biologie der Seeforelle. Int. Rev. Hydrob., *v.* 33, p. 327—356; Allg. Fisch. Zeit., München, *v.* 61, p. 68—70. — Schindler, O., u. Wagler, E., 1951. Über den Saibling des Würmsees (Starnbergersee). Allg. Fisch. Zeit., München, *v.* 76, p. 262—263. — Schlesinger, F. W., 1917. Neues vom Brutgeschäft des Stichlings. Wochenschr. Aquar. Terrar., Braunschweig, *v.* 14, p. 453—454. — Schlieper, C., 1955. Praktikum der Zoophysiologie. Stuttgart, Verl. G. Fischer. — Schlosser, R., 1936. Rotauge und Rotfeder. Österr. Fisch. Zeit., Wien, *v.* 33, p. 83—84. — Schmassmann, W., 1928. Messungen über den Formwiderstand der Fische bei verschiedenen Wassergeschwindigkeiten und seine Berücksichtigung beim Bau der Fischpässe. Schweiz. Fisch. Zeit., Zürich, *v.* 36, p. 337—346, 370—376. — Schmassmann, W., 1933. Einige allgemeine praktische und theoretische Gesichtspunkte zum Problem der Fischwanderungen. Schweiz. Fisch. Zeit., Zürich, *v.* 41, p. 178—184, 209—214. — Schmassmann, W., 1940. Von den Wanderungen der Fische in unseren Flüssen. Ibid., *v.* 48, p. 3—5. — Schmid, Th., 1933. Der Neusiedlersee im Altertum und Mittelalter und das Rätsel des Locus piso. Burgenl. Heimatbl., Eisenstadt, *v.* 1, p. 1—5. — Schmidt, J., 1914. On the classification of the freshwater eels (Anguilla). Meddel. Havundersögelse, Kjöbenhavn, ser. Fiskeri, part. 4, *v.* 7, p. 1—19. — Schmidt, J., 1923. Die Laichplätze des Flußaals. Int. Rev. Hydrob., *v.* 11, p. 1—40. — Schmidt, W., 1947. Fischerei, Jagd und Naturschutz. Allg. Fisch. Zeit., München, *v.* 72, p. 38—39. — Schmidt, W., 1950. Fischer und Fischernamen. Ibid., *v.* 75, p. 456—457. — Schmidt, W., 1957. Fischfeinde stellen sich vor. Ibid., *v.* 82, p. 166—167. — Schmiedecke, O., 1892. Die Salmoniden, insbesondere die Zucht derselben. Bl. Aquar. Terrar., Magdeburg, *v.* 3, p. 44—45, 51—52. — Schnakenbeck, W., 1955. Erste Klasse der Vertebrata: Pisces. In: Helmcke, J. G., u. Lengerken, H. v., Handb. Zool., eine Naturgeschichte der Stämme des Tierreich., *v.* 6, Hälfte 1, Lief. 6—9, p. 551—904. Berlin, Verl. Walter de Gruyter. — Schneider, G., 1923. Die Sterletzucht. Österr. Fisch. Zeit., Wien, *v.* 20, p. 74—75; Allg. Fisch. Zeit., München, *v.* 48, p. 70—72, 86—87. — Schneider, G., 1923. Zur Lebensweise der Zwergmaräne (Coregonus albula). Allg. Fisch. Zeit., München, *v.* 48, p. 41—43. — Schobel, A., 1950. Oktobertag an der Pielach. Österr. Fischerei, Wien, *v.* 3, p. 258—260, 277—280. — Schöller, C. H., 1912. Zur Kenntnis des Schlafs bei den Fischen. Allg. Fisch. Zeit., München, *v.* 37, p. 14—15. — Scholz, J., 1911. Zum Laichakt des Gründlings, Gobio fluviatilis Flem. Bl. Aquar. Terrar., Stuttgart, *v.* 22, p. 775—776. — Scholz, W., 1960. Mein Bachneunauge. Aquar. Terrar. Z., Stuttgart, *v.* 13, p. 172. — Schomberg, A., 1927. Wie entstand der Körper des Fisches? Wochenschr. Aquar. Terrar., Braunschweig, *v.* 24, p. 271—272. — Schönfeldt, H., 1938. Wasser und Fische im Winter. Österr. Fisch. Zeit., Wien, *v.* 35, p. 19—20. — Schönfeldt, W., 1948. In der schönen blauen Donau. Österr. Fischerei, Wien, *v.* 1, p. 88—91. — Schrank, F., 1781. Beytrag zur Naturgeschichte des Salmo alpinus Linnaei, der Schwarzrenkerischen Bergforelle. Schr. Berlin Ges. Fr., *v.* 2, p. 297—306. — Schrank, F., 1798. Fauna Boica. Durchdachte Geschichte der in Baiern einheimischen und zahmen Tiere, *v.* 1—3. Nürnberg. — Schreitmüller, W., 1909. Einiges über Eingewöhnung, Haltung und Pflege des Bachneunauges. Bl. Aquar. Terrar., Stuttgart, *v.* 20, p. 531—533. — Schreitmüller, W., 1910. Originelle Laichakte und Brutpflege verschiedener Fischarten. Wochenschr. Aquar. Terrar., Braunschweig, *v.* 7, p. 486—489. — Schreitmüller, W., 1910. Abramis brama und Blicca björkna. Bl. Aquar. Terrar., Stuttgart, *v.* 21, p. 145—147. — Schreitmüller, W., 1910. Weitere Beobachtungen über das Laichgeschäft des Moderlieschens. Ibid., *v.* 21, p. 639—640, 655—656, 672—673. — Schreitmüller, W., 1910. Über das Laichgeschäft des Goldfisches im Aquarium. Ibid., *v.* 21, p. 773—775, 810—811. — Schreitmüller, W., 1912. Einiges über den im Aquarium zur Entwicklung gebrachten Laich vom Aland. Wochenschr. Aquar. Terrar., Braunschweig, *v.* 9, p. 149—150. — Schreitmüller, W., 1912. Verschiedenes über Barbus fluviatilis Ag. im Aquarium. Ibid., *v.* 9, p. 177—179. — Schreitmüller, W., 1913. Die Zucht des Schlammbeißers. Bl. Aquar. Terrar., Stuttgart, *v.* 24, p. 529—532. — Schreitmüller, W., 1913. Thymallus thymallus im Aquarium. Ibid., *v.* 24, p. 697—699. — Schreitmüller, W., 1914. Chondrostoma nasus L. (Nase) als Aquarienfisch. Wochenschr. Aquar. Terrar., Braunschweig, *v.* 11, p. 57—58. — Schreitmüller, W., 1914. Zur Zucht der Laube (= Ukelei) = Alburnus alburnus L. = Alburnus lucidus Heck. im Aquarium. Ibid., *v.* 11, p. 259—260. — Schreitmüller, W., 1914. Über Farbänderungen beim Tigerfisch. Bl. Aquar. Terrar., Stuttgart, *v.* 25, p. 537—538. — Schreitmüller, W., 1914. Aspius rapax Ag. (Rapfen oder Schied) im Aquarium.

Ibid., *v.* 25, p. 569—570. — Schreitmüller, W., 1915. Junge Hechte im Aquarium. Ibid., *v.* 26, p. 209—211. — Schreitmüller, W., 1915. Trutta iridea Gibb., die amerikanische Regenbogenforelle als Aquarienfisch und ihre Pflege. Ibid., *v.* 26, p. 231. — Schreitmüller, W., 1915. Die Alandblecke oder der Schneider (A. bipunctatus L.) als Aquarienfisch. Wochenschr. Aquar. Terrar., Braunschweig, *v.* 12, p. 87—89. — Schreitmüller, W., 1915. Die Bachforelle im Aquarium. Ibid., *v.* 12, p. 241—242. — Schreitmüller, W., 1916. Über Schuppenlosigkeit bei Abramis brama (Blei oder Brachsen) und Chondrostoma nasus (Nase oder Schwarzbauch). Ibid., *v.* 13, p. 179—180. — Schreitmüller, W., 1916. Ein Bastard von Cyprinus carpio L. × Leuciscus rutilus L. Ibid., *v.* 13, p. 326—327. — Schreitmüller, W., 1916. Telestes Agassizii Heckel (Strömer oder Rießling). Ibid., *v.* 13, p. 349. — Schreitmüller, W., 1916. Beobachtungen an Neunaugen. Ibid., *v.* 13, p. 400. — Schreitmüller, W., 1916. Einiges über die Groppe in Frankreich (im Freien und in der Gefangenschaft). Bl. Aquar. Terrar., Stuttgart, *v.* 27, p. 22—23. — Schreitmüller, W., 1916. Abramis vimba als Aquarienfisch. Ibid., *v.* 27, p. 326—328. — Schreitmüller, W., 1917. Beobachtungen am Schlammbeißer. Ibid., *v.* 28, p. 114—115. — Schreitmüller, W., 1917. Die Schmerle und ihre Pflege im Aquarium. Ibid., *v.* 28, p. 257—258. — Schreitmüller, W., 1918. Melanotische Ellritzen. Wochenschr. Aquar. Terrar., Braunschweig, *v.* 15, p. 15. — Schreitmüller, W., 1918. Telestes Agassizii (Strömer oder Rießling). Bl. Aquar. Terrar., Stuttgart, *v.* 29, p. 51—53. — Schreitmüller, W., 1918. Beobachtungen an freilebenden Karauschen und Gründlingen. Ibid., *v.* 29, p. 257—259. — Schreitmüller, W., 1919. Cyprinus kollarii (Karpfkarausche), ein Bastard von Cyprinus carpio L. und Carassius vulgaris Nordm. Wochenschr. Aquar. Terrar., Braunschweig, *v.* 16, p. 6—7. — Schreitmüller, W., 1919. Das Moderlieschen. Ibid., *v.* 16, p. 141 bis 142. — Schreitmüller, W., 1919. Albinos vom Rotauge. Ibid., *v.* 16, p. 197. — Schreitmüller, W., 1920. Über die Zucht der Karausche im Aquarium. Bl. Aquar. Terrar., Stuttgart, *v.* 31, p. 101—104. — Schreitmüller, W., 1920. Xanthorismus und Albinismus bei Zwerg- und Flußwels. Ibid., *v.* 31, p. 147—149. — Schreitmüller, W., 1920—28. Über Landwanderungen der Schlammbeißer. Ibid., *v.* 31 (1920), p. 313; *v.* 34 (1923), p. 126—128; Wochenschr. Aquar. Terrar., Braunschweig, *v.* 25 (1928), p. 287—288. — Schreitmüller, W., 1920. Im Freien vorkommende Bastarde verschiedener Cypriniden. Wochenschr. Aquar. Terrar., Braunschweig, *v.* 17, p. 313—314. — Schreitmüller, W., 1920. Albinos vom Hecht. Ibid., *v.* 17, p. 334. — Schreitmüller, W., 1922. Der Goldfisch im Freien. Bl. Aquar. Terrar., Stuttgart, *v.* 33, p. 104—105. — Schreitmüller, W., 1922. Der Steingreßling. Ibid., *v.* 33, p. 198—199. — Schreitmüller, W., 1923. Die Zucht der Goldorfe im Aquarium. Ibid., *v.* 34, p. 167—168. — Schreitmüller, W., 1923. Veränderungen von Gasterosteus aculeatus L. (dreistachliger Stichling) im Seewasser. Wochenschr. Aquar. Terrar., Braunschweig, *v.* 20, p. 245—247. — Schreitmüller, W., 1924. Einiges über die Karpfenkarausche und die Karauschenkarpfen. Bl. Aquar. Terrar., Stuttgart, *v.* 35, p. 8—9. — Schreitmüller, W., 1924. Gobius fluviatilus Bonelli und Barbus plebejus aus Italien. Wochenschr. Aquar. Terrar., Braunschweig, *v.* 21, p. 542—544. — Schreitmüller, W., 1925. Verschiedenes über nordamerikanische Fische. Ibid., *v.* 22, p. 246—247. — Schreitmüller, W., 1925. Gravenche — Coregonus acronius Rapp (Kilch, Kropffelchen oder Kröpfling). Ibid., *v.* 25, p. 411. — Schreitmüller, W., 1925. Zur Biologie der Groppe. Bl. Aquar. Terrar., Stuttgart, *v.* 36, p. 261—266. — Schreitmüller, W., 1926. Spätes Umfärben von Goldfischen im Freien. Wochenschr. Aquar. Terrar., Braunschweig, *v.* 23, p. 5—6. — Schreitmüller, W., 1926. Über das Ablaichen der Schmerle im Aquarium. Ibid., *v.* 23, p. 17—19. — Schreitmüller, W., 1927. Ein normaler Laichakt bei im dreistacheligen Stichling. Bl. Aquar. Terrar., Stuttgart, *v.* 38, p. 156—158. — Schreitmüller, W., 1927. Über den Zitronenfisch (zitronengelbe Spielart des Goldfisch). Ibid., *v.* 38, p. 439—441. — Schreitmüller, W., 1927. Ein partieller Albino von Amiurus nebulosus. Ibid., *v.* 38, p. 479—480. — Schreitmüller, W., 1928. Über junge Lachse, Störe und Sterlette im Aquarium. Wochenschr. Aquar. Terrar., Braunschweig, *v.* 25, p. 30—32. — Schreitmüller, W., 1928. Partielle Albinos von Silberorfe oder Aland (Idus melanotus Heckel). Ibid., *v.* 25, p. 142—143. — Schreitmüller, W., 1928. Cyprinus carpio L. var. aurata Mats., der japanische Goldkarpfen. Ibid., *v.* 25, p. 220. — Schreitmüller, W., 1928. Ellritzen, Häslinge, Karauschen und Steinbeißer im Warmwasserbecken. Ibid., *v.* 25, p. 533—534. — Schreitmüller, W., 1928. Ein partieller Albino von Barbus fluviatilis (Barbe) und eine Bastardform von Karausche mal Blikke. Ibid., *v.* 25, p. 678—679. — Schreitmüller, W., 1929. Goldbarbe oder Goldkarpfen? Ibid., *v.* 26, p. 594—595. — Schreitmüller, W., 1929. Hochgebaute Goldkarauschen. Ibid., *v.* 26, p. 670—671. — Schreitmüller, W., 1930. Über die Zucht des Steinbeißers. Ibid., *v.* 27, p. 65—67. — Schreitmüller, W., 1930. Beobachtungen beim Laichakt der Blikke oder Güster (Blicca björkna). Ibid., *v.* 27, p. 237—238, 322—324. — Schreitmüller, W., 1932. Einiges über Coregonus wartmanni (Bl.). Ibid., *v.* 29, p. 683. — Schreitmüller, W., 1932. Über die Schnelligkeit des Schwimmens der Fische. Ibid., *v.* 29, p. 824. — Schreitmüller, W., 1933. Telestes agassizii Heck., der Strömer. Ibid., *v.* 30, p. 154. — Schreitmüller, W.,

1934. Einiges über den Hasel oder Rüßling (Squalius leuciscus L.) im Aquarium. Ibid., v. 30, p. 467—468. — Schröder, C., 1949. Angelsport auf dem Bodensee. Allg. Fisch. Zeit., München, v. 47, p. 240—242. — Schröpfer, E., 1957. Tiere der Heimat. München, Süddeutscher Verl. — Schubart, A., u. Neresheimer, E., 1941. Die Forelle und ihr Fang. Berlin, Verl. P. Parey. — Schubert, O., 1903. Mitteilungen aus einem alten Fischereiwerk. Mt. österr. Fisch. Ver., Wien, v. 23, p. 104—108. — Schubert, O., 1915. Die Zucht der Orfe in vergangener Zeit. Allg. Fisch. Zeit., München, v. 40, p. 118—120. — Schubert, O., 1915. Ein altes Buch über Teichwirtschaft. Österr. Fisch. Zeit., Wien, v. 12, p. 93—94, 102—103. — Schuchardt, H., 1940. Die Maränen, ihre Vermehrung, ihr Fang und ihre Verwertung. Allg. Fisch. Zeit., München, v. 65, p. 153—155. — Schüller, L., 1930. Ein albinotischer Wels aus dem Mattsee bei Salzburg. Wochenschr. Aquar. Terrar., Braunschweig, v. 27, p. 210. — Schulze, E., 1892. Fauna Piscium Germaniae. Verzeichnis der Fische des Stromgebietes der Donau. Königsberg, Verl. G. Hartung. — Schulze, L., 1910. Etwas über die Groppe. Bl. Aquar. Terrar., Stuttgart, v. 21, p. 104—105. — Schulze, L., 1914. Wo bleibt der Stichling im Winter? Ibid., v. 26, p. 90—91. — Schütze, H., 1927. Die Schwimmbewegungen der Fische. Wochenschr. Aquar. Terrar., Braunschweig, v. 24, p. 415—416. — Schwarz, J., 1931. Das Schonen in den Alpen- und Voralpenseen. Österr. Fisch. Zeit., Wien, v. 28, p. 41—44, 57—60. — Schweizer, W., 1914. Fang und Zucht der Blaufelchen im Bodensee. Frauenfeld, Verl. Huber u. Co. — Schweizer, W., 1916. Einige Betrachtungen über den Kilch des Bodensees. Schweiz. Fisch. Zeit., Zürich, v. 24, p. 65—68. — Schweizer, W., 1918. Fischereigeschichtliches vom Bodensee. Ibid., v. 26, p. 217—225. — Schweizer, W., 1926. Der Gangfisch im Bodensee (Ober- und Untersee), sein Fang und seine Pflege. Frauenfeld, Verl. Huber u. Co. — Schweizer, W., 1929. Fische und Fischerei im Bodensee. Schweiz. Fisch. Zeit., Zürich, v. 37, p. 125—128. — Schweizer, W., 1929. Peipus-Maränen im Bodensee. Ibid., v. 37, p. 204—205. — Schweizer, W., 1933. Die Fischereigerechtigkeiten auf dem Bodensee. Ibid., v. 41, p. 2—12, 41—48. — Schweizer, W., 1933. Gewichtsbestimmungen an Blaufelchen. Ibid., v. 41, p. 160—166. — Schweizer, W., 1938. Vom Bodensee-Zander. Ibid., v. 46, p. 4—8. — Siebert, L., 1925. Die Fischversorgung in den Städten des Mittelalters. Allg. Fisch. Zeit., München, v. 50, p. 269—270. — Siebold, Th., 1863. Die Süßwasserfische von Mitteleuropa. Leipzig, Verl. W. Engelmann. — Siebold, Th., 1878. Fauna der Süßwasserfische von Mitteleuropa. Jahresh. Ver. Passau, v. 11, p. 1—82. — Siebold, Th., 1881. Über Lachsforellenbastarde. Bayer. Fisch. Zeit., München, v. 6, p. 6. — Siebold, Th., 1882. Zur Naturgeschichte des Aals. Ibid., v. 7, p. 21 bis 23. — Sieglin, K., u. Fehr, A., 1913. Vom Blaufelchenfang im Bodensee. Schweiz. Fisch. Zeit., Zürich, v. 21, p. 171—174. — Singer, F., 1954. Die Äsche. Allg. Fisch. Zeit., München, v. 79, p. 371—373. — Sklower, K., 1932. Über biologische und variationsstatistische Untersuchungen an ostpreussischen Karpfenstämmen. Ibid., v. 57, p. 11. — Skorkovsky, F., 1937. Der Schied oder Rapfen. Österr. Fisch. Zeit., Wien, v. 34, p. 2—3. — Skorkovsky, F., 1937. Kreuzungen. Ibid., v. 34, p. 54—55. — Skorkovsky, F., 1937. Die Meerforellen. Ibid., v. 34, p. 92—94. — Slastenenko, E. P., 1934. Les Gaujons de l'Ukraine. Bull. Soc. zool. France, v. 59, p. 346—363. — Smolian, K., 1920. Merkbuch der Binnenfischerei. Altona-Hamburg, Verl. d. Ges. f. Fischereiförderung u. Fischereibedarf. — Smolian, K., 1927. Der Körperbau der Fische und was man aus ihm wirtschaftlich lernen kann. Allg. Fisch. Zeit., München, v. 52, p. 30—33. — Smolian, K., 1928. Der Körper der Fische und dessen Lebensfunktionen und die sich daraus ergebenden Grundsätze einer richtigen Fischbehandlung. Schweiz. Fisch. Zeit., Zürich, v. 36, p. 238. — Smolian, K., 1930. Die künstliche Erbrütung der Forellen und anderer Salmoniden, sowie die Forellenteichwirtschaft. Stuttgart, Ulmer-Verl. — Smolian, K., 1931. Der Fischereilehrgang für Fischliebhaber, Fischzüchter und solche, die es werden wollen. Stuttgart, Ulmer-Verl. — Smith, E., 1896. Über die Namen einiger nordamerikanischer Fischarten. Bl. Aquar. Terrar., Magdeburg, v. 7, p. 150—151. — Smith, H., 1904. Zur Naturgeschichte der Regenbogenforelle. Allg. Fisch. Zeit., München, v. 29, p. 169—170. — Smyly, W. J. P., 1955. On the biology of the stoneloach (Nemachilus barbatula L.). J. Anim. Ecol., London, v. 24, p. 167—186. — Solotnitzky, N., 1901. Der Sterlett in Freiheit und im Aquarium. Natur u. Haus, Berlin, v. 9, p. 405—408. — Sommani, E., 1957. Carateristiche ecologiche della trota irides (Salmo gairdneri Rich.). Boll. Pesca Piscicolt. Idrobiol., Roma, v. 33 (12), p. 92—99. — Sommer, V., 1919. Interessantes von der Bachforelle. Bl. Aquar. Terrar., Stuttgart, v. 30, p. 113—114. — Spiczakow, T., 1935. Zum Problem der Rasse und des Exterieurs beim Karpfen. Z. Fisch. Hilfsw., Berlin, v. 33, p. 1—50. — Spranger, K., 1952. Erfolgreiche Zucht der Schmerle. Aquar. Terrar. Z., Stuttgart, v. 5, p. 231—232. — Spranger, K., 1956. Unsere einheimischen Barsche im Aquarium. Ibid., v. 9, p. 39—41. — Sprenger, W., 1900. Schlamm- und Steinbeißer. Bl. Aquar. Terrar., Magdeburg, v. 11, p. 121—124. — Sprenger, W., 1900. Fluß- und Kaulbarsch. Ibid., v. 11, p. 145—146. — Sprenger, W., 1900. Über die Rassen des Goldfisches. Ibid., v. 11, p. 169—170. — Sprenger, W., 1900. Goldschleihe und Goldorfe. Ibid., v. 11, p. 195—197. — Sprenger, W., 1901. Die Forelle.

Ibid., *v.* 12, p. 125—129. — Sprotowsky, W., 1956. Der Schlammpeizger — ein interessanter Kaltwasserfisch. Aquar. Terrar. Z., Stuttgart, *v.* 9, p. 152—153. — Stadler, J., 1929. Die Seeforelle des Attersees. Österr. Fisch. Zeit., Wien, *v.* 26, p. 145—146. — Staff, F., 1910. Der Aitel als Raubfisch. Allg. Fisch. Zeit., München, *v.* 35, p. 331—334. — Staiger, M., 1950. Der vollkommene Angler. Aus dem Leben und Werk Isaak Waltons. Ibid., *v.* 75, p. 148—149. — Stampehl, H., 1932. Junge Flußbarsche im Aquarium. Bl. Aquar. Terrar., Stuttgart, *v.* 43, p. 39—41. — Stansch, K., 1909. Das Barschaquarium. Wochenschr. Aquar. Terrar., Braunschweig, *v.* 6, p. 1—2. — Stansch, K., 1909. Einiges über Zucht von Karausche und Schleihe. Ibid., *v.* 6, p. 417—418. — Stansch, K., 1912. Der Schwarzbarsch. Ibid., *v.* 9, p. 367. — Starmarch, K., 1956. Rybacka i biologiczna charakterystyka rzek. (Kritische Studie über Fischareale in Flüssen.) Polskie arch. hydrob., Warszawa, *v.* 3, p. 307—322. — Staudenmayer, G., 1890. Zur Aalaufzucht. Allg. Fisch. Zeit., München, *v.* 15, p. 57—58. — Staudenmayer, G., 1893. Der Aalfang, eine Mahnung an die Donaufischer. Ibid., *v.* 18, p. 243—245. — Staudinger, J., 1885. Referat über das Stromgebiet der Donau in Bayern, gehalten auf der Internat. Fischereikonferenz in Wien 1884. Bayer. Fisch. Zeit., München, *v.* 10, p. 2—14. — Staudinger, J., 1886. Konferenzen über die Fischereipflege am Bodensee. Allg. Fisch. Zeit., München, *v.* 11, p. 253—262; Circul. Deutsch. Fisch. Ver., Berlin, *v.* 16, p. 221—229. — Staudinger, J., 1887. Über die Lebensverhältnisse und die wirtschaftliche Bedeutung des Flußaals. Allg. Fisch. Zeit., München, *v.* 12, p. 38—46. — Staudinger, J., 1896. Anleitung zum Fischen in Waldgewässern. Berlin, Verl. P. Parey. — Stauffer, H., 1934. Eine neue Methode zur Zeichnung von Salmoniden. Schweiz. Fisch. Zeit., Zürich, *v.* 42, p. 137—138. — Steinböck, O., 1929. Hydrobiologische Forschungen in den Ostalpen. Forsch. Fortschr., Berlin, *v.* 5, p. 415—416. — Steinböck, O., 1933. Die Tierwelt Tirols. In: Tirol, Land, Natur, Volk und Geschichte. München, Bruckmann Verl. — Steinböck, O., 1938. Arbeiten über die Limnologie der Hochgebirgsgewässer. Int. Rev. Hydrob., *v.* 37, p. 1—50. — Steinböck, O., 1944. Der Schwarzsee ob Sölden. Eine hydrobiologische Studie. Veröff. Museum Ferdinandeum, Innsbruck, *v.* 26, p. 117—146. — Steinböck, O., 1950. Richtlinien für den Einsatz in Hochgebirgsseen. Österr. Fischerei, Wien, *v.* 3, p. 73—79. — Steinböck, O., 1950. Der Schwarzsee 2992 m über dem Meer, ob Sölden im Ötztal, der höchste Fischsee der Alpen. Verh. Int. Ver. Limnol., Stuttgart, *v.* 10, p. 442—450. — Steinböck, O., 1950. Fischereimöglichkeiten in Hochgebirgsseen. Ibid., *v.* 10, p. 451—459. — Steinböck, O., 1951. Die Fische der Hochgebirgsseen. Jahrb. Österr. Alpen-Ver., Innsbruck, *v.* 76, p. 10—15. — Steinböck, O., 1958. Fragmenta limnologica alpina. Schlern-Schr. Nr. 188, De Nat. Tirol, Kufsteiner Buch, *v.* 4, Innsbruck, p. 115—144. — Steiner, H., 1948. Einige tiergeographische Aspekte zur Frage der modifikatorischen und genotypischen Differenzierung der Coregonen in den Gewässern des Alpenostrandes. Rev. Suisse Zool., *v.* 55, p. 338—348. — Steinhauser, A., 1893. Zum Aalfang in der Donau. Allg. Fisch. Zeit., München, *v.* 18, p. 297. — Steinke, G., 1920. Beobachtungen am Stichling. Wochenschr. Aquar. Terrar., Braunschweig, *v.* 17, p. 242—244. — Steinke, G., 1921. Ein Beitrag zur Lebensgeschichte des dreistacheligen Stichlings. Bl. Aquar. Terrar., Stuttgart, *v.* 32, p. 81—85. — Steinmann, P., 1907. Die Tierwelt der Gebirgsbäche. Eine faunistisch-biologische Studie. (Inauguraldiss.). Brüssel, Verl. F. Vanbuggenhondt. — Steinmann, P., 1908. Die Tierwelt der Gebirgsbäche. Ann. Biol. lacustre, *v.* 2, p. 30—163. — Steinmann, P., 1924—26. Über die Ausdehnung und die Bedeutung der Wanderungen unserer Flußfische. Schweiz. Fisch. Zeit., Zürich, *v.* 32 (1924), p. 86—89; *v.* 34 (1926), p. 258—266. — Steinmann, P., 1928. Wie es der Fisch anstellt, um sich vor dem Weggeschwemmtwerden zu schützen. Ibid., *v.* 36, p. 45—50, 102—106. — Steinmann, P., 1932. Brutpflege und Nestbau bei Fischen. Ibid., *v.* 40, p. 255—261. — Steinmann, P., 1932. Die Wanderungen der Fische. Ibid., *v.* 40, p. 369—375. — Steinmann, P., 1933. Merkwürdigkeiten aus dem Leben der Fische. Ibid., *v.* 41 p. 257—262. — Steinmann, P., 1935. Fischereikundliche Ergebnisse einer Schweizer Studienreise ins Donaudelta. Ibid., *v.* 43, p. 223—231, 243—250. — Steinmann, P., 1936. Die Fische der Schweiz. Aarau, Verl. H. R. Sauerländer. — Steinmann, P., 1936. Bemerkungen zur Frage der „Erscheinungsform" der Forelle. Schweiz. Fisch. Zeit., Zürich, *v.* 44, p. 72—74. — Steinmann, P., 1936—37. Beiträge zur Kenntnis der schweizerischen Fische. Ibid., *v.* 44 (1936), p. 314—315; *v.* 45 (1937), p. 6, 142—144. — Steinmann, P., 1937. Die Wanderungen unserer sogenannten Standfische in Fluß und Strom. Ibid., *v.* 45, p. 125—127. — Steinmann, P., 1937. Die Frage der Einbürgerung des Zanders in den Schweizerischen Gewässern. Ibid., *v.* 45, p. 193—198. — Steinmann, P., 1937. Von den barschartigen Fischen der schweizerischen Gewässer. Mt. aargauisch. naturf. Ges., Aarau, *v.* 20, p. 82 bis 95. — Steinmann, P., 1938. Versuche über die Einbürgerungsmöglichkeit der Meerforelle in der Schweiz und die sich daraus ergebenden fischereiwissenschaftlichen und fischereiwirtschaftlichen Probleme. Schweiz. Fisch. Zeit., Zürich, *v.* 46, p. 184—189. — Steinmann, P., 1938. Der Einfluß der Laichfischerei auf die Felchenbestände unter besonderer Berücksichtigung der Anschauungen von Wagler und Elster. Ibid., *v.* 46, p. 234—241. — Steinmann, P., 1939—40. Zur Frage der Systematik der schweizerischen Coregonen. Ibid., v. 47 (1939), p. 219—225; v. 48 (1940), p. 49—53, 158—163, 265—269. — Steinmann, P., 1940. Über Formenkreise und Schläge bei unseren Süßwasserfischen. Ibid., v. 48, p. 100—103. — Steinmann, P., 1941. Neue Probleme der Salmonidensystematik. Rev. Suisse Zool., v. 48, p. 525 bis 529. — Steinmann, P., 1944. Zur Frage der Sterilität der Seeforelle. Schweiz. Fisch. Zeit., Zürich, v. 52, p. 8—9. — Steinmann, P., 1944. Probleme der Systematik unserer europäischen Forelle. Ibid., v. 52, p. 78—83, 164—170, 283—291. — Steinmann, P., 1944. Der Aal. Ibid., v. 52, p. 243—244. — Steinmann, P., 1944. Der Lachs. Ibid., v. 52, p. 293 bis 295. — Steinmann, P., 1945. Frühreife und Zwergwuchs bei Salmoniden. Rev. Suisse. Zool., v. 52, p. 414. — Steinmann, P., 1946. Schwarmbildung bei Felchen. Ibid., v. 53, p. 518 bis 524. — Steinmann, P., 1947. Die Entstehung der Felchenrassen und die dabei entstehenden Isolationsmechanismen. Jb. Schweiz. Ges. Vererbungsforsch., Bern, v. 7, p. 348. — Steinmann, P., 1948. Der Weißfelchen des Bodensees und die Frage der Artbildung im Felchengeschlecht. Z. Hydrol., Basel, v. 10, p. 1—10. — Steinmann, P., 1948. Schweizerische Fischkunde. Aarau, Verl. Sauerländer. — Steinmann, P., 1950. Ein neues System der mitteleuropäischen Coregonen. Rev. Suisse Zool., v. 57, p. 517—525. — Steinmann, P., 1950—51. Monographie der schweizerischen Coregonen. Beitrag zum Problem neuer Arten. Z. Hydrol., Basel, v. 12 (1950), p. 109—189, 340—491; v. 13 (1951), p. 54—191. — Steinmann, P., 1950. Felchenprobleme: Alpine und subalpine Felchen. Verh. Int. Ver. Limnol., Stuttgart, v. 10, p. 460—475. — Steinmann, P., u. Surbeck, G., 1926. Die Seeforelle. Schweiz. Fisch. Zeit., Zürich, v. 34, p. 29—32. — Steinmann, P., u. Willer, A., 1948. Koregonenprobleme. Ibid., v. 56, p. 283—284. — Steindachner, F., 1885. Referat über das Stromgebiet der Donau in Niederösterreich. Bayer. Fisch. Zeit., München, v. 10, p. 49—52. — Steindachner, F., 1885. Referat zur Zanderfrage. Ibid., v. 10, p. 302. — Steffens, W., 1958. Der Karpfen. In: Brehm-Bücherei, Wittenberg-Lutherstadt, A. Ziemsen-Verl. — Stemann, V., 1893. Ein Fisch für kleinere Landseen. Allg. Fisch. Zeit., München, v. 18, p. 406—407. — Stender, E., 1911. Weihnachtskarpfen. Plauderei für die Hausfrau. Wochenschr. Aquar. Terrar., Braunschweig, v. 8, p. 686—689. — Stepanek, O., 1950. Klíč našich obratlovců (Bestimmungsschlüssel für tschechische Wirbeltiere). Praha, Orbis-Verl. — Storba, G., 1958. Die Schmerlenartigen. In: Handb. Binnenfischerei Mitteleuropas v. Demoll Maier, Stuttgart, v. 3, Lief. 9, p. 201—234. — Sterba, G., 1958. Die Neunaugen. In: Brehm-Bücherei, Wittenberg-Lutherstadt, A. Ziemsen-Verl. — Sternberger, H., 1951. Wissenswertes über den Aal. Allg. Fisch. Zeit., München, v. 76, p. 490—491. — Sternberger, H., 1952. Auf Schleien. Ibid., v. 77, p. 195 bis 196. — Steuer, A., 1900. Programm über eine systematische Erforschung des alten Donaubettes bei Wien. Mt. österr. Fisch. Verein, Wien, v. 20, p. 40—42. — Stieglleithner, J., 1899. Ein Alpensee als Fischwasser. Allg. Fisch. Zeit., München, v. 24, p. 114—115. — Stieglleithner, J., 1902. Bachsaibling und Regenbogenforelle. Ibid., v. 27, p. 67—68. — Stieglleithner, J., 1903. Über das Wachstum der Forellenfische und Zuchtziele. Mt. österr. Fisch. Ver., Wien, v. 23, p. 34—38. — Stieglleithner, J., 1905. Die Fischzucht im Alpenlande. Klagenfurt, Verl. F. v. Kleinmayr. — Stölzl, A., 1907. Wieder etwas zur Huchenwanderung. Österr. Fisch. Zeit., Wien, v. 4, p. 177. — Stölzl, A., 1907. Zum Artikel „Über die geograpishche Verbreitung des Huchens". Ibid., v. 4, p. 205. — Stölzle, A., 1907—08. Auch ein Wort zur Huchenfrage. Ibid., v. 4 (1907), p. 389—391; v. 5 (1908), p. 23—24. — Stölzle, A., 1910. Zur Frage der Huchenwanderung. Ibid., v. 7, p. 276—278. — Stölzle, A., 1910. Soll man den Huchen halten? Ibid., v. 7, p. 294. — Stölzle, A., 1910. Drei Perlen unter den österreichischen Salmonidengewässern. Ibid., v. 7, p. 332—335. — Stölzle, A., 1912. Das Tegernseer Angel- und Fischbüchlein. Ibid., v. 9, p. 12—13. — Stölzle, A., 1912. Im Oktober am Forellenbach. Ibid., v. 9, p. 393—394. — Stölzle, A., 1913. Konrad Gesner über den Asch und die künstlichen Mucken. Ibid., v. 10, p. 14—15. — Stölzle, A., 1913. Etwas über Forelle und Äsche. Ibid., v. 10, p. 30. — Stölzle, A., 1913. Beißen die Fische? Ibid., v. 10, p. 46—47. — Stölzle, A., 1913. „Die Bewirtschaftung des Forellenbaches" von Dr. Emil Walter. (Eine Buchbesprechung.) Ibid., v. 10, p. 70—71. — Stölzle, A., 1913. Zur Wüchsigkeit und Wanderung des Huchens. Ibid., v. 10, p. 79. — Stölzle, A., 1913. Der launische Asch. Ibid., v. 10, p. 251 bis 252. — Stölzle, A., 1915. Das Verhältnis der Geschlechter bei der Bachforelle. Allg. Fisch. Zeit., München, v. 40, p. 87—88. — Stölzle, A., 1916. Das Tegernseer und das Salzburger Fischbüchlein. Österr. Fisch. Zeit., v. 13, p. 13—14, 21—23, 35—37. — Stölzle, A., 1924. Auf Huchen. Ibid., v. 21, p. 112—113. — Storch, F., 1867. Catalogus Fauna Salisburgensis. Mt. Ges. Salzburger Landeskde., Salzburg, v. 7, p. 11—12. — Stork, H., 1898. Beitrag zur Hechtfischerei. Allg. Fisch. Zeit., München, v. 23, p. 259—260. — Stork, H., 1890. Der Angelsport. München, Selbstverl. — Strasser, H., 1882. Zur Lehre von der Ortsbewegung der Fische. Stuttgart, Verl. F. Enke. — Streintz, O., 1885. Fischereiverhältnisse in der Steiermark. Bayer. Fisch. Zeit., München, v. 10, p. 101—102. — Strelle, M., 1947. Wasser, das Lebenselement der Fische. Allg. Fisch. Zeit., München, v. 71, p. 33—38, 49—55. —

Stresemann, E., 1955. Excursionsfauna von Deutschland (Wirbeltiere). Berlin, Verl. f. Volk u. Wissen. — Strodtmann, K., 1897. Über die Nahrung einiger Wildfische. Zeit. Fischerei Charlottenburg, v. 3, p. 103—109. — Strouhal, H., 1934. Biologische Untersuchungen an den Thermen von Warmbad Villach in Kärnten. Arch. Hydrob., v. 30, p. 323—385, 495 bis 583. — Struck, H., 1908. Die Wirkung von Wind, Wasserbewegung und Durchlichtung auf die Fische und die Fischerei. Mt. Fisch. Ver. Brandenburg, Berlin, v. 1, p. 82—87. — Struck, H., u. Pudagla, A., 1907. Die Fischerei in Binnenseen im Wechsel des Jahres. Ibid., v. 1, p. 20—27. — Stummer, A., 1915. Etwas vom Aitelfischen. Österr. Fisch. Zeit., Wien, v. 12, p. 112. — Stundl, K., 1937. Chemisch-biologische Untersuchungen des neu entstandenen Sees bei Neufeld an der Leitha (Niederösterreich). Int. Rev. Hydrob., v. 34, p. 24—41. — Stundl, K., 1941. Zur Frage der künstlichen Zucht des Huchens. Allg. Fisch. Zeit., München, v. 66, p. 97—98. — Stundl, K., 1947. Die Fischerei des Neusiedler Sees und die Möglichkeiten ihrer Ertragsteigerung. Burgenl. Heimatbl., Eisenstadt, v. 9, p. 8—27. — Stundl, K., 1948. Fischereibiologische Untersuchungen steirischer Karpfenteiche. Österr. Fischerei, Wien, v. 1, p. 32—38. — Stundl, K., 1949. Die Donaufischerei und ihre Ertragsmöglichkeiten. Ibid., v. 2, p. 175—176, 196—198. — Stundl, K., 1950. Über die Regenbogenforelle. Anläßlich des 50jährigen Bestandes ihrer Einbürgerung. Ibid., v. 3, p. 58—60. — Stundl, K., 1950. Die Mur — ein Industriefluß. Österr. Wasserwirtschaft, Wien, v. 2, p. 5—6. — Stundl, K., 1952. Die Regenbogenforelle im Flußgebiet der Mur. Österr. Fischerei, Wien, v. 5, p. 49 bis 52. — Surbeck, G., 1902. Die Verwendung unserer einheimischen Fische in der Arzneikunst des 16.—18. Jahrhunderts. Z. Fisch. Hilfsw., Berlin, v. 9, p. 124—130. — Surbeck, G., 1903. Ein neuer Coregone im Bodensee. Allg. Fisch. Zeit., München, v. 28, p. 11—12. — Surbeck, G., 1904. Ein Bachsaiblingsalbino. Ibid., v. 29, p. 31—32. — Surbeck, G., 1913. Die Regenbogenforelle in Alpenseen. Schweiz. Fisch. Zeit., Zürich, v. 21, p. 26—30. — Surbeck, G., 1913. Beitrag zur Kenntnis der Geschlechtsverteilung bei Fischen. Ibid., v. 21, p. 78—89, 105—109. — Surbeck, G., 1914. Fischerei und Fischzucht. Leitsätze für den Unterricht an den landwirtschaftlichen Schulen. Bern, Verl. Tschannen u. Züttel. — Surbeck, G., 1915. Die Ergebnisse der österreichischen Bodensee-Fischereistatistik für das Jahr 1914. Schweiz. Fisch. Zeit., Zürich, v. 23, p. 272—274. — Surbeck, G., 1916. Beobachtungen und Untersuchungen an Sandfelchen des Bodensees. Allg. Fisch. Zeit., München, v. 41, p. 169—178, 192 bis 195. — Surbeck, G., 1917. Zur Frage der Sterilität der Schwebforelle. Schweiz. Fisch. Zeit., Zürich, v. 25, p. 126—127. — Surbeck, G., 1919. Vom Blaufelchenfang im Bodensee. Ibid., v. 27, p. 279. — Surbeck, G., 1920. Felchenaufzucht in einem Teich. Ibid., v. 28, p. 209 bis 212. — Surbeck, G., 1921. Beitrag zur Kenntnis der schweizerischen Coregonen. Ibid., v. 29, p. 52—59. — Surbeck, G., 1921. Erörterungen über die Frage der Blaufelchenzucht am Bodensee. Schweiz. Fisch. Zeit., Zürich, v. 29, p. 99—106, 142—148; Allg. Fisch. Zeit., München, v. 46, p. 80—83. — Surbeck, G., 1921. Vom Wandertrieb der Fische. Schweiz. Fisch. Zeit., München, v. 29, p. 250—254. — Surbeck, G., 1924. Einiges über den Attersee (Oberösterreich) und seine Fischerei-Betriebsordnung. Ibid., v. 32, p. 279—281. — Surbeck, G., 1925. Untersuchungen an Gangfischen des Bodensees. Ibid., v. 33, p. 225—238, 249—256. — Surbeck, G., 1926. Über den Wert und die Bedeutung der Fischerei-Statistik. Ibid., v. 34, p. 106—110. — Surbeck, G., 1927. Über künstliche Hechtzucht. Österr. Fisch. Zeit., Wien, v. 24, p. 150. — Surbeck, G., 1927. Der Hecht und die Bewirtschaftung unserer größeren Seen. Schweiz. Fisch. Zeit., Wien, v. 35, p. 105—117. — Surbeck, G., 1927. Einige Bemerkungen zu E. Wagler's Abhandlung über „Felchenzucht am Bodensee". Ibid., v. 35, p. 121—123. — Surbeck, G., 1928. Weitere Untersuchungen an Gangfischen des Bodensees. Ibid., v. 36, p. 202 bis 214, 249—253. — Surbeck, G., 1932. Von der Bedeutung der Fischerei in unserem Volksleben. Ibid., v. 40, p. 308—313. — Surbeck, G., 1932. Von der künstlichen Fischzucht. Ibid., v. 40, p. 375. — Surbeck, G., 1932. Altersbestimmung an Hechten. Ibid., v. 40, p. 408. — Surbeck, G., 1933. Vom Sinnesleben der Fische. Ibid., v. 41, p. 317—324. — Sušta, J., 1885. Die Ernährung des Karpfen und seiner Teichgenossen. Neue Grundlagen der Teichwirtschaft. Mt. österr. Fisch. Ver., Wien, v. 5, p. 92—94; Allg. Fisch. Zeit., München, v. 13, p. 193. — Sušta, J., 1905. Einiges über das Verhalten des Karpfens im Winter. Österr. Fisch. Zeit., Wien, v. 3, p. 85—87. — Sušta, J., 1906. Die Ernährung des Karpfens und seiner Teichgenossen. Stettin, Verl. Herrcke u. Lebeling. — Swinnerton, H., 1907. The stickelback; its personal and family history. Ann. Rept. Nottingham Nat. Soc., v. 54, p. 34—40. — Szentgyörgyi, J., 1910. Der Wels. Österr. Fisch. Zeit., Wien, v. 7, p. 293—294. — Szentgyörgyi, J., 1912. Der Schill und sein Fang. Ibid., v. 9, p. 176—177. — T., 1901. Über die Entwicklung der im Barmsee (Wettersteingebirge) neu eingeführten Forellenbarsche. Allg. Fisch. Zeit., München, v. 26, p. 245 bis 246. — Tack, E., 1940. Die Ellritze (Phoxinus laevis Ag.), eine monographische Bearbeitung. Arch. Hydrob., v. 37, p. 321—425. — Tack, E., 1948. Ein weiterer Fall von Regenbogenforellen-Einbürgerung. Allg. Fisch. Zeit., München, v. 73, p. 71. — Tapfer, H., 1936. Bei den Marchfischern. Österr. Fisch. Zeit., Wien, v. 33, p. 71—72. — Taurke, F., 1927. Die Fischzucht und Fischhaltung. Hannover, Verl. M. H. Schaper. — Tautz, A., 1910. Über die Zucht des Moderlieschens. Bl. Aquar. Terrar., Stuttgart, v. 21, p. 487—488. — Tesch, F., 1955. Das Wachstum des Barsches. Zeit. Fischerei, Hamburg, v. 4, p. 321—420. — Thalmann, A., 1932. Rückblick auf die letzten 25 Jahre Blaufelchenfischerei am Bodensee. Schweiz. Fisch. Zeit., Zürich, v. 40, p. 6—12. — Thenius, E., 1957. Niederösterreichs Fischfauna im Wandel der Zeiten. Natur u. Land. Wien, v. 43 (11), p. 143—147. — Thiel, F., 1948. Die Fischzucht im Weinland. Österr. Fischerei, Wien, v. 1, p. 77—81. — Thiel, F., 1948. Geschichtliches zur Fischzucht im Weinland. Ibid., v. 1, p. 278—280. — Thiel, F., 1951. Zur Geschichte des Fischhandels. Ibid., v. 4, p. 49—52. — Thienemann, A., 1911. Die Entstehung einer neuen Coregonenform in einem Zeitraum von 40 Jahren. Zool. Anz., v. 38, p. 301—303. — Thienemann, A., 1912. Die biologische Eigenart einer Talsperre. Fisch. Zeit., Neudamm, v. 15, p. 605 bis 607. — Thienemann, A., 1915. Zur Besetzung unserer Bergbäche mit Salmoniden. Mt. Fisch. Ver. Brandenburg, Berlin, v. 7, p. 264—269. — Thienemann, A., 1921. Über einige schwedische Coregonen mit Bemerkungen über die Systematik der Gattung Coregonus und die Wege und Ziele der künftigen Coregonenforschung. Arch. Naturg., v. 87, p. 170—175. — Thienemann, A., 1921. Kurze Anleitung zur biologischen Seenuntersuchung. Biologische Seentypen und ihre fischereiliche Bedeutung. Allg. Fisch. Zeit., München, v. 46, p. 211—217. — Thienemann, A., 1922. Weitere Untersuchungen an Coregonen. Arch. Hydrob., v. 13, p. 415—417. — Thienemann, A., 1926. Die Süßwasserfische Deutschlands. Eine tiergeographische Skizze. In: Handb. Binnenfischerei Mitteleuropas v. Demoll u. Maier, Stuttgart., v. 3, Lief. 1, p. 1 bis 31. — Thienemann, A., 1926. Limnologie. Eine Einführung in die biologischen Probleme der Süßwasserforschung. In: Jedermanns Bücherei, hrsgeg. v. W. Schoenichen, Breslau, Hirt-Verl. — Thienemann, A., 1928. Über die Edelmaräne (Coregonus lavaretus forma generosus Peters) und die von ihr bewohnten Seen. Arch. Hydrob., v. 19, p. 1—36. — Thienemann, A., 1935. Die Bedeutung der Limnologie für die Kultur der Gegenwart. Stuttgart, Schweizerbart'sche Verlagsbuchh. — Thienemann, A., 1950. Verbreitungsgeschichte der Süßwassertierwelt Europas. Versuch einer historischen Tiergeographie der europäischen Binnengewässer. In: Binnengewässer, v. 18, p. 1—89. Stuttgart, Schweizerbart'sche Verlagsbuchh. — Thorpe, W., 1955. Learning and instincts in animals. London, Ed. Methuen. — Thudium, K., 1919. Der Bodenseewels und die Orographie. Allg. Fisch. Zeit., München, v. 44, p. 213. — Thumm, J., 1906. Über die Zucht von Aquarienfischen. Wochenschr. Aquar. Terrar., Braunschweig, v. 3, p. 623—624. — Thumm, J., 1906. Das Laichen der Schwarznase, Ellritze und Schmerle. Bl. Aquar. Terrar., Magdeburg, v. 17, p. 169—171. — Thurow, F., 1958. Untersuchungen über die spitz- und breitköpfigen Varianten des Flußaals. Arch. Fischwiss. Braunschweig, v. 9, p. 79—134. — Tiessen, E., 1911. Aus dem Gemütsleben der Fische. Österr. Fisch. Zeit., Wien, v. 8, p. 200. — Tinbergen, N., u. Iersel, J. J. A., 1947. Displacement reactions in the three-spined stickleback. (Übersprungbewegungen beim dreistacheligen Stichling.) Behaviour, Leiden, v. 1, p. 56—63. — Tombleson, P., 1960. So fängt man Bleie/ Brassen. Hamburg, Verl. P. Parey. — Tornier v. Milevski, K., 1917. Der Schleierschwanzfisch, keine planmäßige Züchtung. Allg. Fisch. Zeit., München, v. 42, p. 28. — Trathnigg, G., 1956. Die Tier- und Pflanzenwelt der Scharnsteiner Auen um 1821. Wissenschaftliche Bearbeitung einer Denkschrift des Oberforst- und Jägermeisters Simon Witsch. Jb. Oberösterr. Musealver., Linz, v. 101, p. 345—364. — Trautman, B. Milton, 1957. The Fishes of Ohio. Baltimore, Waverly Press Inc. — Tretiakov, D. K., 1946. Systematics groups of Cyprinidae. Zool. J. Moscow, v. 25, p. 149—156. — Tretiakow, D. K., 1949. Fishes and Cyclostomata, their life and significance. Moskwa-Leningrad, Verl Ak. Wiss. UdSSR. — Tschauko, H., 1926. Der Bachsaibling. Österr. Fisch. Zeit., Wien, v. 23, p. 165. — Turnowsky, F., 1946. Die Seen der Schobergruppe in den Hohen Tauern. Carinthia II, Sonderheft 8, p. 1—49. — U. A., 1922. Die Altersbestimmung beim Fisch und ihre Bedeutung für den Praktiker. Schweiz. Fisch. Zeit., Zürich, v. 30, p. 44—46. — Üllner, W., 1907. Unsere einheimischen Süßwasserfische. Neues vom Aal. Bl. Aquar. Terrar., Magdeburg, v. 18, p. 269—270. — Unger, E., 1926. Die Ziege (Pelecus cultratus) in Ungarn. Österr. Fisch. Zeit., Wien, v. 23, p. 51—52, 61—62. — Unger, E., 1929. The hungarian carp and other fishes, their life and economoc significance. Ver. Int. Ver. Limnol., Roma, v. 4, p. 614—628. — Unger, E., 1931. Alter und Wachstum der zwei Zanderarten des Balaton See. Ibid., v. 5, p. 415—430. — Unger, E., 1935. Die Fischmarkierungen in den freien Gewässern Ungarns und die mit Gummiringen markierten Donaufische. Ibid., v. 7, p. 388—397. — Unger, E., 1940. Die zwei Zanderarten und das Mindestmaß für Zander. Allg. Fisch. Zeit., München, v. 65, p. 105—108. — Urbach, O., 1938. Der Fisch in Sage, Volksglaube und Brauchtum. Österr. Fisch. Zeit., Wien, v. 35, p. 153—154, 167—168, 186—187. — Ursin, H., 1923. Unsere Grundeln und ihre Pflege im Aquarium. Bl. Aquar. Terrar., Stuttgart, v. 34, p. 3—7. — Vaclav, D., 1956. Die Sommertemperaturen in der Äschenregion. Arch. Hydrob., Stuttgart, v. 52, p. 388—397. — Varga, L., 1928. Allgemeine limnologische Charakteristik des Fertö (Neusiedler See). Int. Rev. Hydrob., v. 19, p. 289—294. —

Varga, L., 1932. Katastrophen in der Biocönose des Fertö (Neusiedler See). Ibid., v. 27, p. 130 bis 158. — Varga, L., 1944. Néhany adat a Fertö-to német részenek halaszati viszonyaral. (Einige Daten über die Fischereiverhältnisse im österreichischen Teil des Neusiedler Sees.) S. Sz. Sopron, v. 8, p. 30—33. — Varga, L., u. Mika, F., 1937. A magyar Fertö halaszata az utolso 12 esztendö folyaman. (Die Fischerei im ungarischen Neusiedler See im Lauf der letzten 12 Jahre.) Ibid., v. 1, p. 24—44. — Varga, L., u. Mika, F., 1937. Die jüngsten Katastrophen des Neusiedler Sees und ihre Einwirkungen auf den Fischbestand des Sees. Arch. Hydrob., v. 31, p. 527—546. — Vasarhély, J., 1958. Beitrag zur Bestimmung der Karpfenartigen mit Hilfe der Schlundknochen. Arch. Fischwiss., Braunschweig, v. 9, p. 187—199. — Vibert, R., 1958. Critères et tests de rusticité chez les truites et les saumons. Verh. Int. Ver. Limnol., Stuttgart, v. 13, p. 758—764. — Vogel, P., 1928. Lehrbuch der Praxis der Teichwirtschaft, Landseen- und Bachfischerei. Spezialwerk über Karpfen-, Schleien- und Forellenzucht. Bautzen i. Sachsen, Verl. Schmaler. — Vosseler, J., 1917—30. Der Goldaal. Wochenschr. Aquar. Terrar., Braunschweig, v. 14 (1917), p. 1—3; v. 27 (1930), p. 408. — Vouga, M., 1938. Welche Beobachtungen liegen vor über die Beeinflussung der Felchenbestände durch die Raubfische (Forelle, Hecht, Barsch, Trüsche)? Schweiz. Fisch. Zeit., Zürich, v. 46, p. 261—264. — Vrsansky, V., 1949. Farbanpassung der Koppe (Cottus gobio L.). Aquar. Terrar. Z., Stuttgart, v. 2, p. 116; Die Naturwissensch., Berlin, v. 358, p. 252. — Vuskits, C., 1922. Lucioperca sandra, volgensis. Allat. Közlem. Budapest, v. 14, p. 198—199. — W., 1883. Die Mühlkoppe. Bayer. Fisch. Zeit., München, v. 8, p. 83—84. — W., 1883. Das Aitel unter sein Fang mit der Angel. Ibid., v. 9, p. 162—163. — W., 1896. Über den Sterlett. Allg. Fisch. Zeit., München, v. 21, p. 58—61. — Wacha, R., 1894—95. Alte Fischereiordnungen für den Mondsee in Oberösterreich. Mt. österr. Fisch. Ver., Wien, v. 14 (1894), p. 108—114; v. 15 (1895), p. 105—116. — Wachek, H., 1958. Biologisch-chemische Untersuchungen des Bodensees unter Berücksichtigung wasserwirtschaftlicher Fragen. Münchner Beitr. Abwasser-, Fischerei- und Flußbiol., München, v. 4, p. 1—200. — Wagler, E., 1927. Der Blaufelchen des Bodensees (Coregonus wartmanni Bloch). Int. Rev. Hydrob., v. 18, p. 129—230. — Wagler, E., 1927. Felchenaufzucht am Bodensee. Schweiz. Fisch. Zeit., Zürich, v. 35, p. 117—121; Allg. Fisch. Zeit., München, v. 52, p. 189 bis 192, 281—282. — Wagler, E., 1928. Blaufelchen-Inventur. Allg. Fisch. Zeit., München, v. 54, p. 114—117. — Wagler, E., 1930. Der Bestand an Blaufelchen im Bodensee und die Bewirtschaftung der alpinen Renkenseen. Schr. Ver. Gesch. d. Bodensees, Konstanz, v. 58, p. 121 bis 188. — Wagler, E., 1931. Markierungsversuche an Brachsen im Bodensee (Obersee). Schweiz. Fisch. Zeit., Zürich, v. 39, p. 1—8, 97—106; Allg. Fisch. Zeit., München, v. 56, p. 146 bis 153. — Wagler, E., 1932. Der Silberfelchen des Untersee. Int. Rev. Hydrob., v. 26, p. 195 bis 222. — Wagler, E., 1933. Der Kilch des Bodensees. Ibid., v. 30, p. 1—48. — Wagler, E., 1933. Eier und Brut der Bodenseecoregonen. Arch. Hydrob., v. 25, p. 1—21. — Wagler, E., 1936. Die Coregonen in den Seen des Voralpengebietes. Int. Rev. Hydrob., v. 35, p. 345—446. — Wagler, E., 1937. Die Bewirtschaftung der Renkenseen des Voralpengebietes. Allg. Fisch. Zeit., München, v. 62, p. 243—246, 260—263, 278—280, 288—290, 342—346, 357—364. — Wagler, E., 1938. Die Bewirtschaftung der Coregonenseen. Int. Rev. Hydrob., v. 37, p. 1 bis 130; Der Tiroler Fischer, Innsbruck, v. 5, p. 1—10. — Wagler, E., 1938. Die Biologie der Renken (Coregonen) in den subalpinen Seen. SB. Ges. Morph. Phys., München, v. 40, p. 60 bis 79. — Wagler, E., 1938. Eine Riesenrenke. Allg. Fisch. Zeit., München, v. 63, p. 30. — Wagler, E., 1938. Natürliche Zucht als Mittel zur Ertragssteigerung in der Renkenfischerei. Ibid., v. 63, p. 33—38. — Wagler, E., 1938. Bewirtschaftung der Renkenseen. Ibid., v. 63, p. 193—197. — Wagler, E., 1939. Renkenbestand und Brachsenvermehrung in unseren Seen. Ibid., v. 64, p. 100—103. — Wagler, E., 1939. Die bayerische Renken- und Saiblingsfischerei im Jahre 1938. Allg. Fisch. Zeit., München, v. 64, p. 164—169. — Wagler, E., 1941. Die Lachsartigen (Salmoniden). In: Handb. Binnenfischerei Mitteleuropas v. Demoll u. Maier, Stuttgart, v. 3, Lief. 6, p. 371—501. — Wagler, E., 1946—51. Fische und Fischerei in den bayerischen Voralpenseen. Allg. Fisch. Zeit., München, v. 71 (1946), p. 6—9, 197, 360, 400; v. 74 (1949), p. 34—36, 89—90, 132—133, 198—199, 328—331; v. 75 (1950), p. 364—366; v. 76 (1951), p. 222—223. — Wagler, E., 1949. Über das Längen-Gewichtsverhältnis bei Fischen. Ibid., v. 74, p. 107—108. — Wagler, E., 1950. Herkunft und Einwanderung der Voralpencoregonen. Veröff. Staatssmlg. München, v. 1, p. 3—62. — Wagler, E., 1950. Um die Äsche. Ibid., v. 75, p. 509—510. — Wagner, H., 1947. Heimatgeschichte um einen Fisch. Carinthia I, v. 166, p. 10. — Wagner, H., 1948. Einiges vom Seesaibling (Salmo salvelinus L.). Carinthia II, v. 137, p. 93—101. — Wagner, H., 1949. Vom Rauben einiger Salmoniden. St. Hubertus, Wien, v. 35, p. 54. — Wagner, H., 1951. Die Saiblinge des Falkertsees (Gurktaleralpen) in Kärnten. Österr. Fischerei, Wien, v. 4, p. 127—132, 155—156. — Walbaum, J. J., 1788—93. Petri Artedi renovati, pars I et II, i. e. Bibliotheca et philosophia ichthyologica, cura Jonannis Julii Walbaum editit. Grypeswaldiae. — Waldendorff, W., 1901. Der Forellenbarsch in der Teichwirtschaft. Allg. Fisch. Zeit., München, v. 26, p. 7—10. — Walderdorff, W., 1908. Die Schleie als Nebenfisch im Karpfenteich. Ibid., *v.* 34, p. 48—51. — Wallner, J., 1915. Beiträge zur Geschichte des Fischereiwesens in der Steiermark. Graz, Verlagsbuchh. Styria; Arch. Fischereigeschichte, Berlin, *v.* 3, p. 6—8. — Walter, E., 1896. Die natürliche Nahrung unserer Teichfische. Allg. Fisch. Zeit., München, *v.* 21, p. 374—377, 397—399. — Walter, E., 1900. Die formale Einteilung der Karpfenrassen. D. Fisch. Zeit., Köln-Bonn, *v.* 3, p. 244—248, 257—263, 273—276. — Walter, E., 1901. Zur Altersbestimmung des Karpfens nach den Schuppen. Fisch. Zeit., Neudamm, *v.* 4, p. 337—341, 353—357. — Walter, E., 1906. Die Kleinteichwirtschaft. Neudamm, Verl. J. Neumann. — Walter, E., 1909. Wandern und Fangen der Aale. Bl. Aquar. Terrar., Stuttgart, *v.* 20, p. 22. — Walter, E., 1910. Aale in der Donau. Österr. Fisch. Zeit., Wien, *v.* 7, p. 22—23. — Walter, E., 1910. Der Flußaal. Eine biologische und fischereiwirtschaftliche Monographie. Neudamm, Verl. Neumann. — Walter, E., 1912. Zum Artikel: Der Schwarzreiter. Österr. Fisch. Zeit., Wien, *v.* 9, p. 269—270. — Walter, E., 1913. Einführung in die Fischkunde unserer Binnengewässer. Leipzig, Verl. Quelle u. Mayer. — Walter, E., 1913. Unsere Süßwasserfische. Eine Übersicht über die heimische Fischfauna. Leipzig, Verl. Quelle u. Mayer. — Walter, E., 1921. Der Hecht. Neudamm, Verl. Neumann. — Walter, E., 1934. Grundlagen der fischereilichen Produktionslehre. In: Handb. Binnenfischerei Mitteleuropas v. Demoll u. Maier, Stuttgart, *v.* 4, Lief. 5, p. 483—661. — Walter, E., 1951. Der Frauenfisch (Leuciscus virgo). Allg. Fisch. Zeit., München, *v.* 76, p. 421. — Wanke, K., 1924. Wie reagieren unsere Warm- und Kaltblütler auf Kälte? Ibid., *v.* 49, p. 107—109. — Wasmund, E., 1928—29. Die Strömungen im Bodensee. Int. Rev. Hydrob., *v.* 18 (1928), p. 85—114; *v.* 19 (1929), p. 231—260. — Weber, C., 1902. Das Laichgeschäft der Hundsfische im Aquarium. Bl. Aquar. Terrar., Magdeburg, *v.* 13, p. 87—88. — Weeder, A., 1900. Der Fischzüchter, ein praktisches Hilfsbuch für Fischzüchter und solche, die es werden wollen, unter besonderer Berücksichtigung der österreichischen Alpenländer. Wels, Verl. H. Haas. — Weeder, A., 1908. Zur Huchenfrage. Österr. Fisch. Zeit., Wien, *v.* 5, p. 190—191. — Weeger, E., 1888. Über das Wachstum der Aale. Mt. österr. Fisch. Ver., Wien, *v.* 8, p. 99—101. — Weichselbaum, F., 1958. Weid auf Donaulachs und Traunäsche. Allg. Fisch. Zeit., München, *v.* 83, p. 473—475. — Weigl, A., 1905. Der Huchen und seine wirtschaftliche Bedeutung für die Donau. Österr. Fisch. Zeit., Wien, *v.* 2, p. 197—200. — Weise, H., 1930. Die Stammform von Carassius auratus L. (Goldfisch). Wochenschr. Aquar. Terrar., Braunschweig, *v.* 27, p. 412—413. — Weissenberg, R., 1925. Fluß- und Bachneunauge, ein morphologisch-biologischer Vergleich. Zool. Anz., *v.* 63, p. 293—306. — Weissenberg, R., 1926. Zur Lebensgeschichte der Neunaugen. Österr. Fisch. Zeit., Wien, *v.* 23, p. 103 bis 104. — Weiß, F., 1883. Die Donau innerhalb des bayer. Regierungsbezirkes von Schwaben und Neuburg. Bayer. Fisch. Zeit., München, *v.* 8, p. 106—108, 149—151, 246—247, 273—275. — Weiß, F., 1883. Das Barbenangeln. Ibid., *v.* 8, p. 287—288, 299—301, 315—317. — Weiß, F., 1885. Angelsport auf den Schill. Ibid., *v.* 10, p. 119—123, 133—134. — Weiß, F., 1886. Der Brachsen und dessen Angelfang. Allg. Fisch. Zeit., München, *v.* 11, p. 8—10, 20—22. — Weiß, F., 1886. Ein Räuber aus der Karpfenfamilie. Ibid., *v.* 11, p. 161—164. — Weiß, F., 1886. Der Aalfang in Flüssen und Bächen. Ibid., *v.* 11, p. 304—306, 314—318. — Weiß, F., 1887. Von den wichtigsten Köderfischen und deren Präparierung. Ibid., *v.* 12, p. 128—130, 139—142. — Welti, P., u. Surbeck, G., 1925. Der Fischbestand im Bodensee. Schweiz. Fisch. Zeit., Zürich, *v.* 33, p. 67—70. — Werner, F., 1929. Führer durch die Karnischen Alpen. Tierwelt. Fische: 5. Wien, Artaria-Verl. — Wesner, E., 1950. Über die Biologie, über Wachstum und Lebenslauf der Mairenke oder Lauge (Alburnus mento). Österr. Fischerei, Wien, *v.* 3, p. 1—3, 29—31. — Wetschy, R., 1950. An der Fischa — Dagnitz. Ibid., *v.* 3, p. 111—113. — Wettstein, O., 1927. Die Tierwelt des Neusiedler Sees. Burgenl. Vierteljahrshefte, Eisenstadt, *v.* 2, p. 2. — Widdrington, S. E., 1842. On the freshwater fishes of Austria. Ann. nat. Hist., *v.* 8, p. 207. — Wiehle, H., 1910. Unser Flußaal. Referat über eine Monographie von Dr. E. Walter, erschienen in Neudamm/Brandenburg. Bl. Aquar. Terrar., Stuttgart, *v.* 21, p. 591—593, 607—610, 622—623. — Wiesner, R., 1937. Lehrbuch der Forellenzucht und Teichwirtschaft. Neudamm, Verl. Neumann. — Wiesner, R., 1950. Gewässer, Landschaft, Heimat und Fischerei. Allg. Fisch. Zeit., München, *v.* 75, p. 319—320. — Wiesner, R., 1952. Fische und Licht. Ibid., *v.* 77, p. 65—66. — Wiesner, R., 1957. Aktuelle Probleme der Donaufischerei im Regierungsbezirk Schwaben. Ibid., *v.* 82, p. 43—45. — Wiesner, R., 1958. Die deutsche Forellenzucht in Vergangenheit, Gegenwart und Zukunft. Ibid., *v.* 83, p. 209—213. — Wild, O., 1923. Der Laichakt des Bitterlings. Bl. Aquar. Terrar., Stuttgart, *v.* 34, p. 169—170. — Wilhelmi, H., 1889. Die Fischereiverhältnisse in Nordtirol. Mt. österr. Fisch. Ver., *v.* 10, p. 54—57. — Willer, A., 1947. Kurzlebige Fische. Allg. Fisch. Zeit., München, *v.* 71, p. 124—130. — Willer, A., u. Schnigenberg, E., 1927. Untersuchungen über das Wachstum der Fische. (Über den Einfluß des Raumfaktors auf das Wachstum der Forellenbrut.) Z. Fisch. Hilfswissensch., Berlin, *v.* 25, p. 263—290. — Winzer, E., 1896. Meine erste Bitterlingszucht. Bl. Aquar. Terrar., Magdeburg, *v.* 7, p. 217—220. — Wismar, C., 1895.

Donaulachs „Huchen". Mt. österr. Fisch. Ver., Wien, *v.* 15, p. 10. — Wissel, K., 1952. Einiges über den Hecht. Allg. Fisch. Zeit., München, *v.* 77, p. 459—460. — Witterich, R., 1914. Seltsame Beobachtungen bei einer Ellritze. Wochenschr. Aquar. Terrar., Braunschweig, *v.* 11, p. 337. — Wohlgemuth, R., 1916. Versuche zur Altersbestimmung der Schleie. Allg. Fisch. Zeit., München, *v.* 41, p. 111—112. — Wohlgemuth, R., 1917. Die Kriegskost der Forelle. Ibid., *v.* 42, p. 20—22. — Wohlgemuth, R., 1921. Die Schleie als Nebenfisch im Karpfenteich. Ibid., *v.* 46, p. 3—10. — Wohlgemuth, R., 1921. Zur Frage der Markierung der Karpfen. Ibid., *v.* 47, p. 51. — Wolff, H., 1952. Fische und Fischfang im Briefmarkenalbum. Ibid., *v.* 77, p. 299—300, 356, 370, 392—393. — Wölkerling, W., 1929. Aus dem Leben und Treiben der Neunaugen. Wochenschr. Aquar. Terrar., Braunschweig, *v.* 26, p. 671—672. — Wörz, H., 1927. Über Lebensweise, Fang und Aufzucht der Seeforellen im Attersee. Österr. Fisch. Zeit., Wien, *v.* 24, p. 1—3, 13—16, 23—25, 33—35. — Wörz, H., 1927. Frühjahrslaich und Laubenfang im Unterach am Attersee. Ibid., *v.* 24, p. 95—96, 107—110. — Wunder, W., 1927. Wie finden unsere Süßwasserfische ihre Nahrung? Wochenschr. Aquar. Terrar., Braunschweig, *v.* 24, p. 371—373. — Wunder, W., 1934. Gattenwahlversuche bei Stichlingen und Bitterlingen. Bl. Aquar. Terrar., Stuttgart, *v.* 45, p. 152—158. — Wunder, W., 1935. Gesichtspunkte für die fischereiliche Bewirtschaftung großer Seen. Verh. Int. Ver. Limnol., Stuttgart, *v.* 7, p. 347—356. — Wunder, W., 1936. Physiologie der Süßwasserfische Mitteleuropas. In: Handb. Binnenfischerei Mitteleuropas v. Demoll u. Maier, *v.* 2 B, p. 1—340. — Wunder, W., 1937. Die Körperform des Karpfens und ihre Abhängigkeit von Umwelt und Vererbung. Forsch. u. Fortschr., Berlin, *v.* 13, p. 396—397; Verh. D. zool. Ges., *v.* 39, p. 275. — Wunder, W., 1940. Körperform und Geschlechtsreife beim Karpfen in Abhängigkeit von verschiedenen Umweltsbedingungen. Verh. Int. Ver. Limnol., Stuttgart, *v.* 9, p. 252—260. — Wunder, W., 1941. Die Rassenzucht beim Karpfen. Allg. Fisch. Zeit., München, *v.* 66, p. 108—110, 116—117. — Wunder, W., 1947. Die Überwinterung des Karpfens. Ibid., *v.* 72, p. 68 bis 72, 132—133. — Wunder, W., 1948. Die Erzeugung von Karpfenbrut in der Teichwirtschaft. Ibid., *v.* 73, p. 101—105. — Wunder, W., 1948. Die Schleie und ihre Zucht. Ibid., *v.* 73, p. 150—152. — Wunder, W., 1950. Fortschrittliche Karpfenteichwirtschaft. Stuttgart, Schweizerbart'sche Verlagsbuchh. — Wunder, W., 1958. Die Schleie, das Stiefkind der modernen Teichwirtschaft. Allg. Fisch. Zeit., München, *v.* 83, p. 67—69. — Wurmbach, H., 1953. Unfruchtbare Artbastarde bei Fischen. Naturwissensch., Berlin, *v.* 40, p. 359—360. — Wutte, M., 1912. Alte Fischereiordnung in Kärnten. Österr. Fisch. Zeit., Wien, *v.* 9, p. 131—134. — Yatsu, N., 1937. Recent progress in the studies of Goldfish in Japan. Verh. Int. Congr. Zool., Lisboa, *v.* 12, p. 1678—1686. — Yudkin, I. I., 1955. Ichthyologia, 323 pp. Moscow, Akademie-Verl. — Zacharias, O., 1891. Die Thier- und Pflanzenwelt des Süßwassers. Leipzig, Verl. J. H. Weber. — Zacharias, O., 1892. Über das Süßwasserplankton und seine Beziehung zur Ernährung der Fische. Allg. Fisch. Zeit., München, *v.* 17, p. 241—242. — Zacharias, O., 1905. Zur Naturgeschichte der Fische. Österr. Fisch. Zeit., Wien, *v.* 2, p. 320—321. — Zanandrea, G., 1956. Appunti sulle lamprede dell'Austria. Boll. Zool. Roma, *v.* 23, p. 439—447. — Zanandrea, G., 1956. Le lamprede del Danubio: Considerazioni e Confronti. Boll. Pesca Piscic. Idrob., Roma, *v.* 23 (11 n. s.), p. 264—289. — Zanandrea, G., 1958. Catture e Allevamenti di Lamprede. Zoo, Torino, *v.* 4, p. 1—8. — Zander, E., 1903. Neuere Untersuchungen über die natürliche Nahrung der Süßwasserfische. Allg. Fisch. Zeit., München, *v.* 28, p. 353 bis 358. — Zandt, F., 1928. Untersuchungen an Gangfischen (Coregonus macrophthalmus Nüsslin) des Konstanzer Fischwassers. Schweiz. Fisch. Zeit., Zürich, *v.* 36, p. 50—59. — Zandt, F., 1938. Zur Biologie des Blaufelchen (Coregonus wartmanni) des Bodensees. Int. Rev. Hydrob., *v.* 36, p. 138—139. — Zandt, F., 1938. Die Einwanderung der Coregonen in ihre heutigen Wohnbezirke. Arch. Hydrob., *v.* 33, p. 688. — Zandt, F., 1941. Bodenseefischerei, einst und jetzt. Schr. Ver. Ges. Bodensees, Konstanz, *v.* 68, p. 1—15. — Zaunick, R., 1906. Die Beziehungen der Kirche zur Fischerei während des Mittelalters. Mt. Fisch. Ver. Brandenburg, Berlin, *v.* 8, p. 270—273. — Zaunick, R., 1928. Die Fischerei-Tollköder in Europa vom Altertum bis zur Neuzeit. Arch. Hydrob., *v.* 4 (Suppl.), p. 527—736. — Zeidler, B., 1954. Das Problem der Nebenfische im Karpfenteich. Allg. Fisch. Zeit., München, *v.* 79, p. 84—85. — Zeitler, R., 1912. Der Mühlkoppe. Österr. Fisch. Zeit., Wien, *v.* 9, p. 394—396. — Zeitler, R., 1913. Der Bürschling. Ibid., *v.* 10, p. 174—175. — Zell, Th., 1925. Tiere der Heimat. Wochenschr. Aquar. Terrar., Braunschweig, *v.* 22, p. 121. — Zenk, F., 1884. Der Karpfen als Eroberer. Allg. Fisch. Zeit., München, *v.* 9, p. 337—338. — Zenk, F., 1890. Etwas über den Betrieb von Angelfischerei in Forellengewässern und über amerikanische Regenbogenforellen und Bachsaibling. Ibid., *v.* 15, p. 110—114, 121—124. — Ziegeler, K., 1909. Etwas über Fische. Wochenschr. Aquar. Terrar., Braunschweig, *v.* 6, p. 461—463, 560, 678—680. — Ziegler, V., 1889. Verbreitung des Aals im oberpfälzischen Donaugebiet. Allg. Fisch. Zeit., München, *v.* 14, p. 234 bis 236. — Zösmaier, F., 1886. Die Gründung des Fischereivereines für Vorarlberg. Circ. Deutsch. Fisch. Ver., Berlin, *v.* 16, p. 266—273. — Zschokke, F., 1900. Die Tierwelt der Hochgebirgsseen. Denk. Schweiz. Ges., *v.* 37, p. 1—400. — Zschokke, F., 1905. Der nordische Ursprung der Salmonidenarten und die letzte Eiszeitperiode als die Ursache des Wandertriebes. Allg. Fisch. Zeit., München, *v.* 30, p. 366—368, 382—385. — Zschokke, F., 1909. Die Resultate der Erforschung hochalpiner Wasserbecken. Int. Rev. Hydrob., *v.* 2, p. 221—235. — Zschokke, F., 1911. Die Tiefseefauna der Seen Mitteleuropas; eine geographisch-faunistische Studie. Leipzig, Klink-Hardt-Verl. — Zschokke, F., 1912. Die Fische der Schweiz. Schweiz. Fisch. Zeit., Zürich., *v.* 20, p. 1—12, 31—41. — Zschokke, F., u. Surbeck, G., 1908. Salmoniden. In: Monographien einheimischer Tiere, hrsgeg. v. Ziegler, E. H., u. Woltereck, R. Leipzig, Klinkhart-Verl.

Gattung (Untergattung) sind natürlich gruppiert. Innerhalb der Gattung (Untergattung) sind die Arten alphabetisch geordnet.

Von jeder Art (Unterart) sind angegeben: der jetzt gültige Name, eventuell zwischen Klammern der Name der zugehörigen Untergattung, der Autorname und das Jahr und Literaturzitat der Erstbeschreibung. Wurde die Art zuerst einer anderen Gattung zugeteilt, ist der Name dieser, zwischen Klammern, dem Literaturzitat der Erstbeschreibung angefügt, und der Autorname steht in einem solchen Fall in Klammern. Auf das Zitat der Erstbeschreibung folgen weitere Angaben über beschreibende Literatur möglichst aus letzter Zeit. Synonyme finden unter Anführung des Art- und Autornamens, ferner des Jahres ihrer Beschreibung und eventuell des Literaturzitates und des Gattungsnamens nur dann Berücksichtigung, wenn Arten unter solchen Namen aus Österreich in wissenschaftlichen Schriften erwähnt sind.

Es folgen dann eine kurze tiergeographische Charakteristik der Art, in besonderen Fällen, in Klammern stehend, auch noch eine Kennzeichnung in ökologischer oder biologischer Hinsicht, und schließlich Angaben über das Vorkommen in Österreich unter gekürzter Anführung der einzelnen Bundesländer, in denen die Art festgestellt wurde: B = Burgenland, K = Kärnten, N = Niederösterreich (einschließlich Wien), O = Oberösterreich, S = Salzburg, St = Steiermark, V = Vorarlberg; Tirol wird aus tiergeographischen Gründen in Nord- (nT) und Osttirol (oT) geteilt. Eine allgemeine Verbreitung über ganz Österreich ist durch „Ö" zum Ausdruck gebracht. Liegt eine beschränkte Verbreitung vor, ist der in Frage kommende Teil des Bundeslandes näher bezeichnet, z. B. nB = = nördliches Burgenland, oN = östliches Niederösterreich, soK = Südostkärnten. Ist das Vorkommen lokalisiert, findet sich hinter der Abkürzung für das Bundesland, eingeklammert, die nähere Ortsangabe. Bei Arten, deren Erstbeschreibung aus Österreich erfolgte, ist der „klassische Fundort" (*l. cl.*) angegeben.

Eingeschleppte (und eingeführte) Arten sind hinter der Angabe ihres Vorkommens mit einem „×" bezeichnet. In historischer Zeit ausgestorbene Arten haben hinter der Angabe ihres letzten Vorkommens ein „+". Bisher unveröffentlichte Fundortsangaben sind durch ein „*" gekennzeichnet.

Aberrationen, Formen u. dgl. bleiben in der Regel unberücksichtigt. Varietäten und Bastarde sind nur ausnahmsweise aufgenommen und werden bei der zugehörigen Art angeführt oder folgen, im Text hineingerückt, hinter dieser.

Den Abschluß einer Ordnung, bei kleinen Ordnungen einer oder mehrerer Klassen, bildet ein Verzeichnis der wichtigsten einschlägigen Literatur; wo notwendig, wird auch bei untergeordneten Kategorien ein solches Schriftenverzeichnis gebracht. Am Schluß eines jeden Teiles findet sich ein Register der Tiernamen und Synonyma, sofern es nicht zweckmäßiger ist, das Namensverzeichnis aufzuteilen und es für einzelne oder einige wenige Abteilungen gesondert zu bringen.